现代食品检测技术研究

缪园欣 著

吉林科学技术出版社

图书在版编目（CIP）数据

现代食品检测技术研究 / 缪园欣著 . -- 长春 : 吉林科学技术出版社，2024.5

ISBN 978-7-5744-1401-3

Ⅰ．①现… Ⅱ．①缪… Ⅲ．①食品检验 Ⅳ．①TS207.3

中国国家版本馆 CIP 数据核字（2024）第 101858 号

现代食品检测技术研究

著　　缪园欣
出版人　宛　霞
责任编辑　袁　芳
封面设计　树人教育
制　　版　树人教育
幅面尺寸　170mm×240mm
开　　本　16
字　　数　260 千字
印　　张　11.75
印　　数　1~1500 册
版　　次　2024 年 5 月第 1 版
印　　次　2024 年10月第 1 次印刷

出　　版　吉林科学技术出版社
发　　行　吉林科学技术出版社
地　　址　长春市福祉大路5788 号出版大厦A 座
邮　　编　130118
发行部电话/传真　0431-81629529 81629530 81629531
81629532 81629533 81629534
储运部电话　0431-86059116
编辑部电话　0431-81629510
印　　刷　廊坊市印艺阁数字科技有限公司

书　　号　ISBN 978-7-5744-1401-3
定　　价　75.00元

前　言

民以食为天，食品是人类最基本的生活物资，是维持人类生命和身体健康不可缺少的能量源和营养源。随着生活水平的提高，人们对食品不断提出更高的要求，食品除营养丰富、美味可口外，还要安全、卫生。食品质量与食品安全是关系人体健康和国计民生的重大问题。如何提高食品质量，减少食品中有害物质残留，保障食品的质量与安全是当前食品企业的首要任务。随着人们生活水平的提高和贸易全球化的发展，食品安全已变得越来越重要而且没有国界。“以质量求生存、以安全求发展”已成为食品生产、管理者的共识。

随着近几年食品安全问题的不断发生，人们也越来越重视食品安全问题，无论是食品的原材料加工，还是食品的最后包装，人们都普遍关注。如果不能及时检查出食品存在的安全问题，就有可能危害人们的身体健康，甚至威胁生命，当安全问题发生时，对老人和小孩的危害是最为严重的。怎样确保食品的安全是有关部门亟须解决的一个难题。食品安全监测是食品进入市场的最后一道程序，怎样在这道程序中把有问题的食品全部阻拦下来，需要检测技术的不断完善、进步。

为了保证食品安全，保护人们身体健康免受损害，快捷、高效、准确的检测技术手段必不可少。食品质量安全检测技术发展至今，已成为全面推进食品生产企业进步的重要组成部分。它突出地体现在通过提高食品质量和全过程验证活动，并与食品生产企业各项管理活动相协同，从而有力保证了食品质量的稳步提高，不断满足社会日益发展和人们对物质生活水平提高的需求。

由于笔者水平有限，本书难免存在不妥甚至谬误之处，敬请广大学界同人与读者朋友批评指正。

目 录

第一章 食品检测技术概述 1
第一节 食品质量与安全现状及现代食品检测技术的主要内容 1
第二节 现代食品检测技术的主要特点 4
第三节 食品检验工作内容及基本条件 12
第四节 食品检验原则与制度 13
第五节 检验用水及试剂的要求 16
第六节 食品分析与检验的一般程序 18
第二章 食品检测技术分析 24
第一节 食品添加剂检测技术分析 24
第二节 食品中非法添加物检测及分析 26
第三节 食品中农药残留检测技术的分析 29
第四节 食品安全理化检测技术的分析 32
第五节 食品包装材料安全检测技术分析 34
第六节 食品中氯霉素（CAP）残留检测技术的进展分析 42
第三章 食品计量检测仪器操作 45
第一节 简单玻璃加工操作和仪器装配 45
第二节 玻璃仪器的洗涤 48
第三节 常用仪器的干燥 50
第四节 加热操作 53
第五节 称量操作与试剂的取用 55
第六节 分离操作 59

第四章　食品检测数据处理与实验室管理 67
第一节　食品检测数据审核 67
第二节　食品检测数据准确性 69
第三节　食品检测实验室存在的问题 73
第四节　食品检测实验室风险管理 76
第五节　食品检测实验室质量控制管理 78
第五章　食品营养成分测定 82
第一节　水分测定 82
第二节　维生素的测定 93
第三节　矿物质总量及矿物质元素组成测定 108
第四节　蛋白质总量及氨基酸测定 130
第五节　碳水化合物总量及单糖测定 136
第六节　脂肪测定 150
第六章　食品检测技术应用研究 156
第一节　流通环节食品快速检测技术应用 156
第二节　食品安全分析检测中色谱质谱技术的应用 158
第三节　红外光谱技术在食品检测中的应用 161
第四节　绿色分析测试技术在食品检测中的应用 163
第七章　食品安全及检测新技术 167
第一节　食品安全溯源体系 167
第二节　食品安全预警体系 170
第三节　酶联免疫吸附技术 174
参考文献 181

第一章 食品检测技术概述

食品检测是保障食品安全的重要组成部分，准确可靠的检测手段将有效控制食品安全问题的发生。因此，我国科技规划中设立了食品安全重大科技专项、重点研发专项等项目，目的是提高食品质量，保障人民身体健康，提高我国农业和食品工业产品的市场竞争力，重点解决我国食品质量与安全中的关键检测、控制和监测技术问题；建立符合我国国情的食品安全科技支撑创新体系，促进我国食品工业的健康发展。

第一节 食品质量与安全现状及现代食品检测技术的主要内容

一、食品质量安全现状

近年来，食品质量安全问题已持续成为全社会关注的热点问题，这主要是由于我国人民生活已由温饱型食物结构，转向营养健康型食物结构，全民食品营养卫生知识得到普及，人民的饮食消费观念已由数量型转向质量型，对食品卫生质量标准的要求提高。同时，由于我国治理和环保科技相对于国民经济快速发展的滞后，致使环境污染、水土流失、耕地质量下降、生态恶化及自然灾害增多、农业再生产能力降低；加之，我国工农业生产迅速发展和城市人口的剧增，工业三废、城市废弃物的大量排放，化肥、农药用量增加，许多有毒有害物质渗入土壤中，使土壤中有害物质残留严重。除此之外，由于养殖种植过程中的人为原因，直接影响我国饲料作物、经济作物、畜产品和水产品的质量，加剧了食品工业原料的源头污染。

在过去几十年中，我国实现了从食品短缺发展到基本解决温饱的重大飞跃。发展中国家的落后农业和食品业产业结构与消费者日益增强的对食品供应质量和安全性的诉求之间，产生了不可避免的矛盾。从国家监管体制、食品安全国家标准、实验室检测能力以及对风险分析框架的认识和应用等方面来看，应该说近年来的中国食品安全监管体制与能力比过去有了长足进步。中国食品供应的安全水平在总体上是稳定提高，与广大食品生产经营者的努力和政府加强监管分不开的。

当前，我国食品安全存在的问题还很多，有的仍然比较严重。从对消费者健康的危害来讲，食源性疾病是最重要的食品安全问题。以 2020 年和 2021 年为例，2020 年，全国食源性疾病发病人数为 37454 人，食源性疾病死亡人数为 143 人；2021 年，国家卫计委通过突发公共卫生事件网络直报系统共收到全国食物中毒类突发公共卫生事件报告 152 起，中毒 5559 人，死亡 109 人。由此可见，当前中国的食源性疾病的病因检测与调查，无论是组织架构，还是技术水平，均有待提高。由于我国食品生产加工、运输、储存、销售中卫生的条件欠佳，增加了食源性疾病风险；但由于生产加工规模较小，食源性疾病危害的范围和影响程度较小。在食品化学污染方面，粮食和蔬菜中的重金属（铅、镉等）、粮食和坚果中的霉菌毒素、畜禽养殖中非法使用的兽药、蔬菜和茶叶种植中非法使用的农药，是我国当前面临的主要问题。产生这些问题的主要原因是环境污染、生产规模小且分散。尽管少数大型乳品企业都已建立了自己的乳牛养殖场，但一家数头的乳牛分散饲养仍是当前的主要模式。考虑到当前中国农民的知识水平和守法意识有待提高，加上不法之徒向农民兜售非法高毒农药和兽药（如瘦肉精），发生少数食品超标（Non—Compliance）事件在所难免。尽管大型食品生产加工企业数量迅速增加，并占领了市场的大部分份额；但是正式在工商部门登记的中小型食品生产加工企业仍有 40 万户以上，考虑到这些企业的生产规模、素质和追求利润等因素，就不难理解为什么原料以次充好、生产过程不规范、微生物污染、滥用食品添加剂的事件时有发生。

在中国大气、水源、环境污染仍较严重的背景下，原料污染是第一大风险，短期内难以被有效化解。自 2012 年以来，我国对食品安全的关注，已开始从中间部分向前端发力。食品安全问题的重心是由于工业高度发展及环境污染而产生的食物中毒事件。食品的污染来源包括生物性危害物、化学性危害物、物理性危害物、辐射性危害物等。其中，病原微生物是主要的污染源。

当前，我国食品质量与安全领域中的另一个突出问题是食品掺假或欺诈（Food Adulteration or Food Fraud），即假冒伪劣食品。这个问题是世界性的，如2013年的欧洲“马肉事件”。尽管从专业上讲，食品掺假或欺诈不等同于食品安全，因为多数掺假的食品（如用狐狸肉冒充羊肉、用硫黄熏辣椒、面粉中添加柠檬黄冒充玉米粉等）并不会危害消费者健康。但是这种“经济利益驱动”（Economically Motivated Adulteration）的食品掺假或欺诈严重影响了我国消费者对食品供应的信心。中国政府很早就将打击食品违法添加非食用物质和使用禁用药物作为重点监管内容，卫生部于2008～2011年分六批公布的《可能违法添加非食用物质和易滥用的食品添加剂名单》(黑名单)包括三聚氰胺、甲醛、苏丹红、孔雀石绿等数十种，这些物质大多对人体健康具有危害。近两年，以恶意添加为主、致人以死亡的恶性安全事故已大幅降低；以劣代良、以假乱真的食品造假等诸多安全事件还在不断出现。食品造假已成为食品工业的“毒瘤”。

近年来，食品质量与安全对中国食品工业造成重大影响，表现最突出的是在全球抢购乳粉的“内需变异”。产品出口的通路受阻，使中国食品工业的竞争力下跌。类似的食品质量安全事件之所以接连发生，除了我国有关食品质量安全的法规尚不健全之外，食品检测技术有待提高、检测仪器使用不方便等也是很重要的原因。目前，食品质量安全存在的严重问题既对食品检测技术提出了更高的要求，同时将促进食品检测技术水平提高。

二、现代食品检测技术的内容

食品是指原料不经加工或经过加工改变性状、具有一定营养价值、对人体无害、可供人类食用的物质。食品品质的优劣直接关系人们的身体健康，而评价食品品质及其安全性是食品检测分析的主要任务。

食品检测的任务是运用物理、化学、生物等学科的基本理论及各种科学技术对食品工业生产中的物料包括食品原料、辅助材料、半成品、成品、副产品等的状态和主要成分含量及微生物状况进行分析检测。在食品检测过程中，由于检测的目的不同及检测对象的性质和状态差异，所选择的检测方法也各不相同。传统的食品检测方法有感官检验法、化学分析法、仪器分析法、微生物分析法和酶分析法。

随着科学技术的发展，食品检测技术的发展十分迅速，其他学科的先进技术不断应用到食品检测领域中。由于新技术的引入，食品行业开发出许多自动化程度和精度都很高的食品检测仪器。这不仅缩短了分析时间，减少了人为误差，也大大提高了食品分析检测的速度、灵敏度和准确度。

现代食品检测技术包括如下几个方面的内容：①光谱图像视觉检测技术；②现代仪器分析技术；③食品物性的力学、声学、电学检测技术；④电子传感器技术；⑤生物传感技术；⑥核酸探针检测技术；⑦ PCR 基因扩增技术；⑧免疫学检测技术。

第二节　现代食品检测技术的主要特点

科学技术的发展带动了食品检测技术的现代化，现代化食品检测技术把食品检测技术水平提高到一个新的层次。现代化食品检测技术最突出的特点是依靠高新技术，以人为本，仪器设备的人性化设计比重越来越重，具体可概括为如下五个方面。

一、食品检测技术更加注重实用性和精确性

随着科学技术的发展，食品检测技术更加注重实用性和精确性，食品检测分析仪器是食品检测技术的重要载体，其实用性主要体现如下。

1. 微型化

食品分析仪器从小型化向微型化发展。是为了满足用户使用方便的需求，同时微电子学的进展，在技术上提供了向这一方向发展的可能性。这方面的发展涉及检测分析仪器整机的小型化和其某一部件的小型化两个层次。例如，借助现代纳米、生物、信息技术，改进传统的检测方法，开展合理有效的检测技术研究，开发现代化先进的检测分析技术，实现高效、快速、准确的食品质量安全检测是发展的趋势。

2. 低能耗便携化

检测分析仪器的低能耗化是用户降低使用成本的战略需要。目前应用的某些技术，如感耦等离子体技术已和质谱分析仪、原子发射光谱仪紧密结合，

效果良好。但它的致命缺点在于能耗太大、使用成本高，最终必将由其他新技术所取代。从低能耗化出发，电化学、光化学分析仪器有良好的发展前景，特别是发展与智能手机相结合的便携式检测仪器，尤其适用于发展中国家。

3. 功能专用化

检测分析仪器的功能专用化是在总结多年来实行“分析仪器多功能化”效果的基础上提出的。过去仪器制造公司为了获取高额利润，大力推行多功能化产品的路线，认为“一仪多能”比较经济。实践证明，由于多功能化设计的分析仪器，其精确度受各功能间的相互制约而下降，功能转换装置在转换功能之后恢复原位的再现性也得不到保证，任何极细微的位移足以改变操作条件，从而得出错误的分析数据，因此在高精度检测场合，功能单一有利于仪器的现场使用。

4 多维化

所谓“多维化”是联用化的一个分支，即在不同种类分析仪器的联用（如气—质联机和液—质联机）基础上发展成同类仪器自身的联用。多维化的优点在于提高分析谱图的分辨率。这是当前使用分析仪器的新趋势，以满足复杂试样的分析需要。例如，这类试样经一次色谱分离后，所出现的色谱峰往往部分重叠，但如串接另一个色谱仪，进行第二次色谱分离，上述缺点则可克服（至少一部分）。因此，新颖的高效液相色谱仪多附有可相互串接的标准化接口。

5. 一体化

为了满足环境分析和过程分析的在线监测需要，检测分析仪器已可以形成一个从取样开始，包括预浓集、分离、测定、数据处理等工序一体化的系统。

6. 成像化

为了改变检测分析仪器以信号形式提供间接信息，需用标准物质进行校正，直观的成像化也是发展方向之一，该项技术已应用于红外和拉曼光谱仪中。

二、食品检测技术中大量应用生物技术领域的研究成果

核酸探针技术已被用于检验食品中一些常见病原菌。产肠毒素性大肠杆菌（ETEC）是引起人和动物腹泻的主要病原之一。可以用 DNA 探针检测污

染食品中产热敏肠毒素（LT）大肠杆菌，其敏感性达 100 个细菌 /g。也可以用生物素标记的编码大肠杆菌耐热肠毒素（ST）的 DNA 片段作为基因探针，检测污染食品（包括鲜猪肉、鸡蛋、牛乳）中的产 ST 大肠杆菌。这种方法既敏感又没有放射性，且因不需要进行复杂的增菌和获得纯培养而节省时间，减少由质粒决定的毒力丧失的机会，从而提高检测的准确性。

聚合酶链式反应 PCR 技术自问世以来，就以惊人的速度广泛应用于生物学科的众多领域，在食品致病性微生物检测方面也有很大的应用价值。对食品中单核细胞增多症李斯特菌的检测，过去一直缺乏简单快速的分离鉴定技术。克隆培养的标准方法往往需要 3 ~ 4 周的时间才能得出结果；血清学检测方法也存在特异性、敏感性差等问题。采用 PCR 技术对食品中李斯特菌的溶血素 O 基因进行扩增，结果可在 12h 内完成整个检测过程，且样品中只需要含有 5 ~ 50 个细菌即可被检出。

酶联免疫吸附测定（ELISA）是将酶分子与抗体分子连接成一个酶标分子，当它与固相免疫吸附中的相应抗原或抗体复合物相遇时，形成酶—抗原—抗体结合物，加入酶底物，底物被催化成可溶性或不溶性呈色产物，可用肉眼或分光光度计定性或定量，根据呈色深浅，确定待测抗原或抗体的浓度与活性。不溶性呈色产物则可用光学显微镜或电镜进行检测，ELISA 可分为间接法、竞争法、双抗夹心法，酶—抗酶复合物法及生物素—亲和系统。ELISA 检测微量的特异性抗原和抗体，具有使用简便、检测快速、灵敏度高、性能稳定、重复性及线性关系好等特点，被广泛使用在测定动物食品的掺杂，测定被有机农药、真菌、细菌、病毒、细菌与病毒产生的毒素、寄生虫，以及天然毒素污染了的食品。

三、食品检测技术与计算机技术结合紧密

随着计算机技术、微制造技术、纳米技术和新功能材料等高新技术的发展，检测分析仪器不仅会具有越来越强大的“智能”，而且正沿着大型落地式→台式→移动式→便携式→手持式→芯片实验室的方向发展，越来越小型化、微型化、智能化，以至出现可穿戴式或甚至不需外界供电的植入式或埋入式智能仪器。检测分析仪器和专用计算机的界限在今后将变得越来越模糊，许多检测分析仪器实际上就是具有某种检测分析功能的计算机。

科学技术的发展对现代食品检测技术提出了越来越高的要求，人们不仅要求及时、精密、可靠地获得有关食品成分的定量数据，而且要求对食品进行全面快速的分析。现代食品检测技术不仅要解决有关测量数据的获取问题，更需要解决从大量数据中提取有用信息的问题。随着计算机技术向食品检测技术领域的渗透，使得这个问题得到了比较圆满的解决。具体来说，计算机技术对食品检测技术产生的巨大影响体现在如下几个方面。

1. 计算机技术提高了食品检测系统的数据处理能力

人们从事食品检验往往离不开统计学。由于模糊数学、模式识别、多元回归、试验优化设计等现代数学的引入，使得食品检验分析过程计算量相当大。计算机的应用使得这项工作变得十分容易。首先将这些现代化数学方法通过计算机软件来实现，在这些强大计算机软件支持下，现代食品检测技术以惊人的速度完成了大量数据的采集、归整、变换和处理，并可以解决常规食品分析检验很难解决或不能解决的问题。如谱图识别、多组分混合物分析、实验条件的最优化、多变量拟合、多指标评价等问题。计算机数据处理能力的提高给食品检测技术带来了巨大变化。

2. 计算机技术促进食品检测技术自动化程度的提高

食品检测的自动化早已是多年努力的方向。所谓“自动化”包括动作、信号和结果三个要素。如在上述三要素之外，若有自调节系统，就称自动控制化。

目前大多数食品检测系统均配有计算机完成数据测量、显示与控制的任务。各种工作参数的选择也均由计算机来协调优化。食品检测自动化的进一步发展，不仅只是要求操作自动化功能的进一步扩充，而且包括发展管理食品检测实验室的能力，如与分析仪器自动进样器相结合的实验程序的开发，人机友好交互能力的增强，检测数据的自动存档保存等方面。这些工作最终必将导致实验室信息管理系统的出现与完善。

3. 计算机技术使食品检测更趋智能化

智能化是现代食品检测的重要发展方向之一。从信息科学角度来看，信息技术的发展可分为四个层次，即“数码化”“自动化”“最优化”“智能化”。数码化，是指仅仅把客观的物理概念数值化，这是最低的一层；自动化是按固定的规则进行重复性处理，达到预期目的；最优化是按某一预定指标取得最优解：智能化是信息技术的最高层次，它应包括理解、推理、判断与分析等一系列功能，是数值、逻辑与知识的综合分析结果。目前的智能化食品检测系统多数仍处于智能化的低级阶段，系统只是把计算机技术与传统的食品检测分析仪器结合起来，仅能适应被测参数的变化、自动补偿、自动选择量程、自动校准、自寻故障、自动进行有限的数据处理，使分析过程由手工操作向自动化方向过渡。

随着科学技术的进步，运用人工智能技术建立能识别与解释各种食品化学谱图和光学谱图的食品检测专家系统，成为当前食品检测智能化研究的热点问题之一。这方面的工作以及部分成果已引起国内外食品检测专家们的高度重视。

智能化食品检测系统一般包括食品分析专家咨询系统、食品试验优化系统、食品物料测定分析系统，以及相关数据库和决策分析系统。

检测分析仪器微型化与智能化的必然结果是仪器价格的大幅降低，不仅普通实验室有能力购买，甚至个人也有能力承担。同时，分析仪器的操作也将变得越来越容易，过去需要研究生才能操作的仪器，今后也许普通老百姓稍加培训即可使用。因此食品检测仪器有望走入寻常百姓家，甚至变成家庭和个人的“日用品”。实际上，现在已有重不到 1kg 的质谱仪，一种只需一滴血就可以在几秒钟内测出许多组分的手持式验血仪也已研制成功。在这种情况下，大型的政府实验室的作用将逐渐减弱，小型的“合同实验室”的作用将增强。随着经济全球化和全球网络化，大型实验室的数量将减少，但其资源将得到更充分的利用。因为它可以面向全世界为所有“网民”服务。

四、食品检测中不断应用其他领域新技术

（一）现代数学

1. 人工神经网络

人工神经网络是以工程技术手段模拟人类大脑的神经网络结构与功能特征的一种技术，人工神经网络不需要精确的数学模型，没有任何对变量的假设要求，能通过模拟人的智能行为处理一些复杂的、不确定的、非线性的问

题，具有很强的容错性和联想记忆功能。由于它是大量神经元的集体行为，因而表现出一般复杂非线性动态系统的特性，可以处理一些环境信息十分复杂、知识背景不清楚、推理规则不明确的问题。它为处理模糊的、数据不完全、模拟的、不明确的模式识别提供了一个全新途径。其处理非线性问题的能力一般高于传统的统计分析方法，它可以识别自变量与应变量间的复杂的非线性关系。

神经网络在食品检测上的应用包括外来物与掺假物的鉴别，气味分析以及感官评定等方面。利用图像处理技术和人工神经网络方法预报冷却牛肉新鲜度，是在现代食品检测中成功应用人工神经网络的实例。

2. 模式识别

计算机识别就是计算机模拟人对客观环境的认识，事物的性质由其特性决定，人认识事物就是靠这些特征进行识别。不同性质的物体特性在量或质上是不同的，而性质相似的物体特征也相似。因此只要能找到那些与事物性质有关的特征就能将不同性质的事物进行分类，进而对未知性质的事物作出判断，看它属于哪一类，从而预测它的属性。

在食品质量与安全检测过程中，模式识别技术扮演重要角色。在食品质量控制过程中，可以使用现代统计过程控制理论，借助模式识别方法，识别非正常质量模式。

3. 最优化方法

现代最优化方法分为数学方法和经验方法两大类。数学方法包括线性规划、非线性规划、动态规划，将实验结果用实验条件的数学函数表示，这样不仅可知道某一因子对结果是否显著，而且可定量地知道当该因子改变时引起结果的变动有多大，因此即使对这因子的某些未经实验的水平也能作出预测。这种数学方程常称为数学模型。模型可以是理论的，也可以是经验的。有些变量之间在理论上存在一定的关系，可直接利用。但在许多场合下往往并无简单的理论模型可以遵循，需要采用经验模型，即以足够的实验数据，假设一个简单的模型求出参数。数学方法虽然在理论上是可行的，但在实际应用中有时会遇到问题，例如不知道响应函数的形式，这时就可以考虑使用经验法，如逐步登高法和单纯形法两种方法。

（二）生理学

食品检测除了对食品质量与安全性进行客观评价之外，有时往往要求检测人员表达心理感受。这就要求我们了解人类在受到外界刺激时，各种感觉器官的生理变动规律。因此生理学的研究成果直接影响食品检测技术的发展。最近，对味觉和嗅觉的电生理学研究的进步十分引人注意。目前电子鼻已经成功应用于区分鱼新鲜度评价、番茄新鲜度评价、红葡萄酒酒香检测等食品分析中。

（三）现代信息技术

1. 大数据与云计算

大数据是指不用随机分析法，如抽样调查，而采用收集所有数据进行调查的方法。大数据有 4 大特点：大量、高速、多样、价值。从技术上看，大数据与云计算的关系就像一枚硬币的正反面一样密不可分。大数据的特色在于对海量数据的挖掘，但它必须依托云计算的分布式处理、分布式数据库、云存储和虚拟化技术。大数据最核心的价值就是在于对于海量数据进行存储和分析。相比起现有的其他技术而言，大数据的“廉价、迅速、优化”3 方面的综合成本是最优的。

将大数据技术与云平台技术应用到食品质量安全领域，主要通过数据监测、数据整合、数据展示，构建农药残留监测云平台系统，可为食品安全管理提供辅助作用。如利用网络云计算分析检测数据，通过数据共享，形成数据的区域化，帮助普通大众快捷的获取当地各购物超市和农贸市场等食品中的农药残留量。解决信息不对称问题，使得商家们重视食品安全问题，普及食品安全的知识，还可为政府了解商家贩卖商品是否达标提供参考依据，加大对不合格商品的检测力度，进而迫使商家重视食品安全，为广大民众的生命健康安全提供保障。

2. 物联网技术

物联网技术（Internet of Things，IoT）起源于传媒领域，是信息科技产业的第三次革命。物联网是指通过信息传感设备，按约定的协议，将任何物体与网络相连接，物体通过信息传播媒介进行信息交换和通信，以实现智能化识别、定位、跟踪、监管等功能物联网技术可划分为 4 个层次，即感知层、传输层、处理层和应用层。物联网技术的发展为构建集全面感知、实时传输、智能决策为食品全产业链一体的追溯系统奠定了基础。物联网食品质量追溯系统充分结合数据同步技术、二维码技术等，对食品的生产制造、物流中的数据信息建立相关数据库，为企业、用户之间的食品信息共享提供了重要渠道。

3. 区块链技术

区块链框架中最核心最基本的技术是密码学、共识机制和区块链网络。目前区块链从金融领域扩展到数字金融、物联网、智能制造、供应链管理、数字资产交易等多个领域。农产品及食品供应链时空跨度大、参与主体众多且分散、中心化方式管理与运作困难，加之数据采集时缺乏约束机制，易造成信息不透明，导致追溯信息可信度不高。提高追溯可信度已成为追溯系统可持续应用中面临的重要问题。区块链技术具有分布式台账、去中心化、集体维护、共识信任等特点，被证明在解决目前追溯系统可信度问题方面具有先天技术优势。

五、大力发展实时在线、非侵入、非破坏的食品无损检测技术

无损检测技术属现代食品检测技术、现代电子信息技术、人工智能与模式识别等技术交叉渗透的新领域，它具有检测速度快、操作方便和易实现在线检测的优点。从食品品质无损检测所采用的技术手段来看，目前主要有计算机视觉、近红外光谱、高光谱图像、超声波、电子鼻、核磁共振（NMR）、层析成像（CT）等技术。

生命过程、生产、科研和一切社会活动都是一种在时空中进行的连续过程。因此，一切为了保证质量与安全的检测和监控手段最好都不要打断这些过程的自然进行，并能实时反映系统中正在发生的变化。为此，那些离线的、破坏性的或侵入式的分析测试方法将逐步被淘汰，而在线的、非破坏的、非侵入式的，可以进行原位、实时测量的方法将受到欢迎；如果还能提供多维，特别是三维以上化学信息的话（如各种成像技术，特别是化学成像技术）那就更加先进。这样我们不仅可以测试对象在整体上发生变化，而且可以观测到这种变化发生的具体部位、具体化学成分及其随时间的变化情况。这不

仅对于生命过程的研究极其重要，对于生产（如食品化工管道内组分变化的监控及种子质量的鉴别等）和生活（如室内空气质量变化的监测）也具有重要意义。从技术走向上来看，由传统无损检测技术（计算机视觉、近红外光谱、电子鼻）向先进的无损检测技术（高光谱技术、NMR、CT 等）趋势发展。就传统的无损检测技术而言，呈现由静态取样检测走向动态在线检测、由外观品质检测走向内部品质检测以及内外品质同时检测、由单一常规检测技术走向新的高精检测技术和融合技术的发展趋势。从应用对象层面上看，呈现由早期的食品成品检测延伸到食品精深加工产业链过程实时监控的发展趋势。

第三节　食品检验工作内容及基本条件

一、食品检验工作的内容

食品检验工作是食品质量管理过程中的一个重要环节，在原材料质量方面起保障作用，在生产过程中起监控作用，在最终产品检验方面起着监督和标示作用。食品分析与检验贯穿于产品研发、生产和销售的全过程。

（1）根据制定的技术标准，运用现代科学技术手段和检测手段，对食品生产的原辅料、中间品、包装材料及成品进行分析与检验，从而对食品的品质、营养、安全与卫生进行评定，保证食品质量符合食品标准的要求。

（2）对食品生产工艺参数、工艺流程进行监控，确定工艺参数、工艺要求，掌握生产情况，以确保食品的质量，从而了解与控制生产工艺过程。

（3）为食品生产企业进行成本核算、制订生产计划提供基本数据。

（4）开发新的食品资源，提高食品质量以及寻找食品的污染来源，使消费者放心获得美味可口、营养丰富和经济卫生的食品。

（5）检验机构根据政府质量监督行政部门的要求，对生产企业的产品或上市的商品进行检验，为政府管理部门对食品品质进行宏观监控提供依据。

（6）当发生产品质量纠纷时，第三方检验机构根据解决纠纷的有关机构（包括法院、仲裁委员会、质量管理行政部门及民间调节组织等）的委托，对有争议的产品作出仲裁检验，为有关机构解决产品质量纠纷提供技术依据。

（7）在进出口贸易中，根据国际标准、国家标准和合同规定，对进出口食品进行检测，保证进出口食品的质量，维护国家出口信誉。

（8）当发生食物中毒等食品安全事件时，检验机构对残留食物作出仲裁检验，为事件的调查解决提供技术依据。

二、食品检验工作的基本条件

食品检验人员包括质检机构从事食品质量检验的人员和对检验结果进行审核的人员，以及食品生产企业从事出厂检验的检验人员和检验部门负责人。

食品质量检验岗位专业性非常突出，责任非常重大，不仅要对企业负责，还要对消费者负责。从事食品质量检验的人员，应该熟悉食品质量检验基础知识，熟悉食品质量技术法规，掌握质量检验基本技能。从事食品质量检验结果审核的人员，不仅要熟悉质量检验基础知识，熟悉食品质量技术法规，掌握质量检验基本技能，还要熟悉食品生产基础知识以及关键工艺基本流程。没有以上知识基础做支撑，很难胜任食品质量检验工作，难以保证检验结果的科学性和准确性。

第四节 食品检验原则与制度

随着人们生活水平和保健意识的提高，人们更多地开始注意食品安全问题。提高食品质量，减少食物中有害物质残留，保障食品的质量与安全是当前食品生产及加工行业的重要任务。食品安全离不开食品监管，而有效的食品监管工作往往依赖食品检验的结果。如果没有食品检测技术就无法得知食品是否有不安全因素，更无法得知这种不安全因素是什么程度。建立食品检验机构，开展食品原料、生产和市场流通等环节的检验工作，是进行食品质量安全监督的重要辅助手段，也是世界通行的做法。

一、食品检验的基本原则

（一）合法原则

食品检验关系食品安全，检验活动应当依法展开。检验人要熟悉有关食品检验的法律法规，依照有关法律、法规的规定，在许可或者认定的检验范围内检验，不得超范围检验。检验人还需要熟练掌握食品安全标准和检验规范，熟悉检验标准的检测技术，正确使用计量器具，认真如实填写记录，保证检验数据真实可靠。

（二）独立原则

食品检验由食品检验机构指定的检验人独立进行。一方面，独立检验是为了保证检验结果的客观公正。实践中，一些检验机构参与市场竞争，片面考虑自身的经济利益，在食品检验过程中不能保持中立，服从于送检单位的利益，严重影响了食品检验的公信力。因此相关立法规定，食品检验机构应当独立于食品检验活动所涉及的利益相关方，不受任何可能干扰其技术判断因素的影响，并确保检验数据和结果不受其他组织或者人员的影响。食品检验机构不得以广告或者其他形式向消费者推荐食品。食品检验机构应当指定检验人独立进行食品检验，与检验业务委托人有利害关系的检验人应当予以回避。食品检验人不得与其食品检验活动所涉及的检验业务委托人存在利益关系；不得参与任何影响其检验判断独立性和公正性的活动。独立检验一方面要符合食品检验工作的特点，食品检验工作是技术性、科学性很强的事务，很多都需要独立完成，多人操作容易产生误差。另一方面，独立检验权也是实行检验人责任制的基础，有了独立检验权才能明确责任承担。

（三）客观公正，不虚假检验原则

检验结果客观公正对保证食品安全至关重要，它是食品检验机构权威性的源泉，也是食品检验工作的基本要求和价值所在。检验人员应当尊重科学，恪守职业道德，保持食品检验的中立性，保证出具的检验数据和结论客观、公正、准确，不得出具虚假或者不实数据和结果的检验报告。如果出具了虚假的检验报告，检验人就要承担相应的法律责任。

二、食品检验的基本制度

（一）食品检验机构与检验人共同负责制

食品检验实行食品检验机构与检验人共同负责制，食品检验机构与检验人对食品检验结论的科学、真实、准确共同负有责任。食品检验是具有法律意义的活动，检测机构依据食品检验结果出具的检验报告是食品是否安全的具有法律效力的凭证，不仅能反映检测机构的管理、技术和服务水平，而且关系一个产品乃至一个企业的生死存亡。为了提高食品检验工作水平，保证食品检验报告质量，法律明确了食品检验机构和检验人的责任，实行食品检验机构与检验人共同负责制。这一规定将食品检验机构与检验人相并列，改变了过去检验人完全隶属于食品检验机构的做法，在加重检验人责任的同时有利于提升检验人员的职业地位，发挥检验人的主观能动性，有利于在食品检验机构与检验人员之间形成制约机制，保证食品检验客观公正。

为了更好落实食品检验机构与检验人共同负责制，法律规定食品检验报告应当加盖食品检验机构公章，并有检验人的签名或者盖章。食品检验机构和检验人对出具的食品检验报告负责，这是对食品检验报告的形式要求。这里规定的“双签章”制度，就是要标明检验机构和检验人对检验报告的客观性和公正性共同负有责任，一旦出现问题造成不良后果的，都要依法承担相应的法律责任。

（二）食品安全抽样检验制度

2021 年 4 月由全国人民代表大会常务委员会修订并发布的《中华人民共和国食品安全法》（以下简称《食品安全法》）在否定食品免检制度的同时，明确规定对食品实行强制的检验制度，具体采取定期或者不定期的抽样检验方式，实行食品安全抽样检验。对此，《食品安全法》对抽样检验的监管主体职权的分工、有权采取的措施、抽样检验的方式和方法以及抽样检验的费用和支付都作了具体规定。

（三）食品强制出厂检验制度

2018年12月由全国人民代表大会常务委员会修订并发布的《产品质量法》规定，产品质量应当检验合格。为从源头上确保食品安全，《食品安全法》

明确规定了食品生产企业应当依照食品安全标准对所生产的食品、食品添加剂和食品相关产品进行检验，检验合格后方可出厂或者销售。

（四）进出口食品安全检疫检查制度

根据《食品安全法》的规定，我国对国外进口食品应当按照我国食品安全标准由出入境检验检疫机构进行检疫检验，合格后签发通关证由海关放行；出口的食品由出入境检验检疫机构进行检疫检查，海关凭出入境检验检疫机构签发的通关证放行。

食品检验体系是食品安全保障体系的重要组成部分，对食品进行的专业的检验和检测，是确保有毒有害食品无法进入市场流通的重要一环，食品检验体系是否完善与重大食品安全事件的发生与否有直接的关系，在实践中认真执行食品检验制度，对保证食品安全具有重要意义。

第五节　检验用水及试剂的要求

一、检验用水的要求

食品分析检验中大部分的分析是对水溶液的分析检验，因此水是最常用的溶剂。在未特殊注明的情况下，无论配制试剂用水，还是分析检验操作过程用水，均为纯度能满足分析要求的蒸馏水或去离子水。蒸馏水可用普通的自来水经蒸馏汽化冷凝制成，也可以用阴阳离子交换树脂处理的方法制得。中华人民共和国国家质量监督检验检疫总局于 2008 年发布的《分析实验室用水规格和试验方法》中规定了实验室用水的技术指标、制备方法及检测技术。

应根据检测技术及仪器对水的要求合理选用适当级别的水，并注意节约用水。一般常量分析检验中使用三级水即可；仪器分析检验一般使用二级水，特殊项目的检验包括一些精密仪器对水的要求较高，则需要使用一级水。

二、检验用试剂的要求

试剂的纯度对分析检验很重要，它会影响结果的准确性，试剂的纯度达不到检验的要求就不会得到准确的分析结果。能否正确选择、使用化学试剂，将直接影响到分析检验的成败、准确度的高低及实验成本。因此，检验人员必须充分了解化学试剂的性质、类别、用途及使用方法，以便正确使用。

根据质量标准及用途的不同，化学试剂分为标准试剂、普通试剂、高纯度试剂与专用试剂四类。

1. 标准试剂

标准试剂是用于衡量其他化学物质化学量的标准物质，其特点是主体成分含量高而且准确可靠。滴定分析常用标准试剂，我国习惯于称为基准试剂（PT），分为 C 级（第一基准）和 D 级（工作基准），主体成分体积分数分别为 99.98% ~ 100.02% 和 99.95% ~ 100.05%。

2. 普通试剂

普通试剂是实验室广泛使用的通用试剂，一般可分为三个级别，其规格和适用范围见表 1-1。

表 1–1 普通试剂的规格和适用范围

级别	名称	符号	标签颜色	适用范围
一级	优级纯	G.R.	绿色	精密分析、科研，也可用作基准物质
二级	分析纯	A.R.	红色	一般分析实验
三级	化学纯	C.P.	蓝色	一般化学实验（要求较低）

3. 高纯度试剂

高纯度试剂的主体成分含量与优级纯试剂相当，但杂质含量很低。主要用于痕量分析中试样的分解及试液的制备。

4. 专用试剂

专用试剂是一类具有专门用途的试剂，如光谱纯试剂（SP）、色谱纯试剂（GC）、基准试剂（PT）、生物试剂（BR）等。

各种试剂要根据检验项目的要求和检测技术的规定，合理正确地选择使用，不要盲目地追求纯度高。例如，配制铬酸洗液时仅需工业用的 K_2Cr2O7 和工业硫酸即可，若用 A.R. 级的 $K_2Cr_2O_7$，必定造成浪费。对于滴定分析常用的标准溶液，应采用分析纯试剂配制，再采用 D 级基准试剂标定；对于酶试剂应根据其纯度、活力和保存条件及有效期正确选择使用。

三、试剂的保管与取用

试剂保管不善或取用不当，极易变质和玷污，从而影响检验的结果，因此必须按一定要求保管和取用试剂。

（1）使用前，要认清标签；取用时，不可将瓶盖随意乱放，应将瓶盖反放在干净的地方。固体试剂应用干净的药匙取用，用毕立即将药匙洗净、晾干备用。液体试剂一般用量筒取用，倒试剂时，标签朝上，不要将试剂泼洒在外，多余的试剂不能倒回原试剂瓶内，取完试剂随手将瓶盖盖好，切不可盖错，以免玷污。

（2）盛装试剂的试剂瓶都应贴上标签，写明试剂的名称、规格、日期等，不可在试剂瓶中装入与标签不符的试剂，以免造成差错。标签脱落的试剂，在未查明前不可使用。

（3）易腐蚀玻璃的试剂，如氟化物、苛性碱等，应保存在塑料瓶或涂有石蜡的玻璃瓶中。

（4）易氧化的试剂（如氧化亚锡、低价的铁盐）、易风化或潮解的试剂（如三氯化铝、无水碳酸钠、氢氧化钠等），应用石蜡密封瓶口。

（5）易受光分解的试剂，如高锰酸钾、硝酸银等，应用棕色瓶盛装，并保存在暗处。

（6）易受热分解的试剂、低沸点的液体和易挥发的试剂，应保存在阴凉处。

第六节 食品分析与检验的一般程序

食品的分析与检验包括感官、理化及微生物分析与检验，一般包括四个步骤：第一步，检测样品的准备过程，包括采样；第二步，样品的保存；第三步，原始记录及检验报告单的编制。

一、采样

样品的采集简称为采样，是指从大量的分析对象中抽取具有代表性的一部分样品作为分析化验样品的过程。所抽取的分析材料称为样品或试样。

（一）采样的原则

采样是食品分析检验的第一步，它关系食品分析的最后结果是否能够准确地反映它所代表的整批食品的性状，这项工作的进行必须非常慎重。

为保证食品分析检测结果的准确与结论的正确，在采样时要坚持下面三个原则。

（1）采样应具有代表性。采集的样品必须具有充分的代表性，能代表全部检验对象，代表食品整体；否则无论检测工作做得如何认真、精确，都是毫无意义的，甚至会得出错误的结论。

（2）采样应具有准确性。采样过程中要保持原有的理化指标，防止成分逸散或带入杂质，否则将会影响检测结果和结论的正确性。

（3）采样应具有真实性。采集样品必须由采集人亲自到实地进行该项工作。

（二）采样的一般步骤

要从一大批被测对象中采取能代表整批物品质量的样品，必须遵从一定的采样程序和原则。采样的步骤如下。

（1）获得检样。由整批待检食品的各个部分抽取的少量样品称为检样。

（2）得到原始样品。把多份检样混合在一起，构成能代表该批食品的原始样品。

（3）获得平均样品。将原始样品经过处理，按一定的方法和程序抽取一部分作为最后的检测材料，称平均样品。

（4）平分样品三份。将平均样品分为三份，即检验样品、复检样品和保留样品。

①检验样品。由平均样品中分出，用于全部项目检验用的样品。②复检样品。对检验结果有争议或分歧时，可根据具体情况进行复检，故必须有复检样品。③保留样品。对某些样品，需封存保留一段时间，以备再次验证。

（5）填写采样记录。包括采样的单位、地址、日期、样品批号、采样条件、采样时的包装情况、采样的数量、要求检验的项目及采样人等。

（三）采样的数量

采样数量能反映该食品的营养成分和卫生质量，并满足检验项目对样品量的需要，送检样品应为可食部分食品，约为检验需要量的4倍。通常为一套三份，每份0.5～1kg，分别供检验、复验和仲裁使用。同一批号的完整小包装食品，250g以上的包装不得少于6个，250g以下的包装不得少于10个。

（四）采样注意事项

（1）采样应注意抽检样品的生产日期、批号、现场卫生状况、包装和包装容器状况等。

（2）小包装食品送检时应保持原包装的完整，并附上原包装上的一切商标及说明，供检验人员参考。

（3）盛放样品的容器不得含有待测物质及干扰物质，一切采样工具都应清洁、干燥无异味，在检验之前应防止一切有害物质或干扰物质带入样品。供细菌检验用的样品，应严格遵守无菌操作规程。

（4）采样后应迅速送检验室检验，尽量避免样品在检验前发生变化，使其保持原来的理化状态。检验前不应发生污染、变质、成分逸散、水分变化及酶的影响等。

（5）要认真填写采样记录，包括采样单位、地址、日期、样品批号、采样条件、包装情况、采样数量、现场卫生状况、运输、贮藏条件、外观、检验项目及采样人员等。

二、样品的保存

采取的样品，为了防止其水分或挥发性成分散失以及其他待测成分含量的变化（如光解、高温分解、发酵等），应在短时间内进行分析。如果不能立即分析，则应妥善保存；保存的原则是干燥、低温、避光、密封。

制备好的样品应放在密封洁净的容器内，置于阴暗处保存；易腐败变质的样品应保存在0～5℃的冰箱里，保存时间不宜过长；有些成分，如胡萝卜素、黄曲霉毒素B_1、维生素B_2等，容易发生光解，以这些成分作为分析项目的样品必须在避光条件下保存；特殊情况下，样品中可加入适量的不影响分析结果的防腐剂，或将样品置于冷冻干燥器内进行升华干燥来保存。此外，样品保存环境要清洁干燥；存放的样品要按日期、批号、编号摆放，以便查找。

三、原始记录及检验报告单的编制

原始记录是指在实验室进行科学研究过程中，应用实验、观察、调查或资料分析等方法，根据实际情况直接记录或统计形成的各种数据、文字、图表、图片、照片、声像等原始资料，是进行科学实验过程中对所获得的原始资料的直接记录，可作为不同时期深入进行该课题研究的基础资料。原始记录应该能反映分析检验中最真实最原始的情况。

（一）检验原始记录的书写规范要求

（1）检验记录必须用统一格式带有页码编号的专用检验记录本记录。检验记录本或记录纸应保持完整。

（2）检验记录应用字规范，需用蓝色或黑色字迹的钢笔或签字笔书写。不得使用铅笔或其他易褪色的书写工具书写。检验记录应使用规范的专业术语，计量单位应采用国际标准计量单位，有效数字的取舍应符合实验要求；常用的外文缩写（包括实验试剂的外文缩写）应符合规范，首次出现时必须用中文加以注释；属外文译文的应注明其外文全名称。

（3）检验记录不得随意删除、修改或增减数据。如必须修改，需在修改处画一斜线，不可完全涂黑，保证修改前记录能够辨认，并应由修改人签字或盖章，注明修改时间。

（4）计算机、自动记录仪器打印的图表和数据资料等应按顺序粘贴在记录纸的相应位置上，并在相应处注明实验日期和时间；不宜粘贴的，可另行整理装订成册并加以编号，同时在记录本相应处注明，以便查对；底片、磁盘文件、声像资料等特殊记录应装在统一制作的资料袋内或储存在统一的存储设备里，编号后另行保存。

（5）检验记录必须做到及时、真实、准确、完整，防止漏记和随意涂改。严禁伪造和编造数据。

（6）检验记录应妥善保存，避免水浸、墨污、卷边，保持整洁、完好、无破损、不丢失。

（7）对环境条件敏感的实验，应记录当天的天气情况和实验的微气候（如光照、通风、洁净度、温度及湿度等）。

（8）检验过程中应详细记录实验过程中的具体操作，观察到的现象，异常现象的处理，产生异常现象的可能原因及影响因素的分析等。

（9）检验记录中应记录所有参加实验的人员；每次实验结束后，应由记录人签名，另一人复核，科室负责人或上一级主管审核。

（10）原始实验记录本必须按归档要求整理归档，实验者个人不得带走。

（11）各种原始资料应仔细保存，以便查找。

（二）检测报告的编制

检测报告应准确、清晰、明确和客观地报告每一项或每一系列的检测结果，并符合检测方法中规定的要求。

（1）检测报告的内容。检测报告的格式应由检测室负责人根据承检产品项目标准的要求设计，其内容应包括以下部分。

①检测报告的标题。

②实验室的名称与地址，进行检测的地点（如果与实验室的地址不同）。

③检测报告的唯一编号标识和每页数及总页数，以确保可以识别该页是属于检测报告的一部分，以及表明检测报告结束的清晰标识。

④客户的名称和地址。

⑤所用方法的标志。

⑥检测物品的描述、状态和明确的标志。

⑦对结果的有效性和应用至关重要的检测物品的接收日期和进行检测的日期。

⑧如与结果的有效性和应用相关时，实验室所用的抽样计划和程序的说明。

⑨检测的结果带有测量单位。

⑩检测报告批准人的姓名、职务、签字或等同的标志。

⑪相关之处，结果仅与被检物品有关的声明。

⑫当有分包项时，则应清晰地标明分包方出具的数据。

（2）当需要对检测结果作出解释时，对含抽样结果在内的检测报告，还应包括下列内容。

①抽样日期。

②抽取的物质、材料或产品的清晰标志（包括制造者的名称、标示的型号或类型和相应的系列号）。

③抽样的地点，包括任何简图、草图或照片。

④所用抽样计划和程序的说明。

⑤抽样过程中可能影响检测结果解释的环境条件的详细信息。

⑥与抽样方法或程序有关的标准或规范，以及对这些规范的偏离、增添或删节。

第二章　食品检测技术分析

第一节　食品添加剂检测技术分析

现代市场中的食品或多或少都含有一定添加剂，其主要作用是调节食物的口感，同时起到防腐作用。适量的食品添加剂对人体没有危害，但是如果过量使用会对人体产生不利影响。因此，为保证食品安全，对食品添加剂进行检测具有重要作用。

一、食品添加剂检测技术应用的必要性

食品安全是关系民生的重要问题，食品安全问题不断发生，给社会主义建设带来一定挑战。各个部门应当加强市场管理和监管水平，为人们提供一个安全的食品环境。这就要求必须对市场中的食品添加剂进行检测，通过科学技术检测判断食品的添加剂是否具有毒性，是否在食品中产生不良反应，同时确定食品中添加剂的含量是否处于规定范围内。只有对食品含有的添加剂进行检测才能实现食品安全，保障人们身体健康且不受伤害。

二、食品添加剂检测技术

（一）高效液相色谱法

高效液相色谱法在宏观角度上是色谱分析法中的一种，是早期由经典液相色谱法和气相色谱演变而来，属于新型的分离分析技术。这一技术出现以后较之前的技术具有分离性能高、分析效率快、检测灵敏性更加优良的优点，同时这一技术还能够分析高沸点但不会汽化的不稳定物质，所以这一技术在

当时受到广泛欢迎和推广，并且在生物化学、食品检测以及临床等方面都起到重要作用。随着科学技术的不断发展，色谱技术不断提高，各种软件不断涌现，并且与质谱仪器等实现结合使用，这一发展促使高效液相色谱法应用范围更加广泛，同时有效提高检测极限。

（二）气相色谱法

气相色谱法这一技术原理是采用流动相为气相的层分析形式，是最常用的技术分析手段。这一技术主要应用于分子量小于 1000 同时沸点在 350℃以下的化合物。气相色谱法进行检测时，样品是在气相中完成交换和分离功能，这一措施使二相中的分离测定物交换速率得到广泛提高，并且层析柱达到比较长的长度，所以这一环节的分离效率和分离质量高于液相层。

随着技术不断优化的完善，各种高灵敏检测仪器被广泛应用到食品检测工作中，这些机器的投入使用，需要选择比较粗的层析柱，增加样品的加样量。在检测过程中，其灵敏度比液相层析和气相色谱的灵敏度都要高一些。这一技术被广泛应用于食品微量成分检测中，沸点比较低的食品一般也会采用这一技术进行分析，如经常使用的香料等。

（三）紫外可见分光光度计

紫外可见分光光度计技术是一种传统的样品分析技术，这一技术在现代科技社会形成的高技术产品，其集光、机、电以及计算机为一体，应用范围非常广，比如医疗卫生、食品检测、生物化学以及环境保护等方面都有广泛应用。在食品检测中的应用主要是测定食品中甜蜜素、硝酸盐等物质。

（四）薄层层析

薄层层析也是色谱法中的一部分，这一技术的特点是能够快速分离和定性分析少量的物质，这一技术的使用具有重要开创性。薄层层析技术既具有柱色谱和纸色谱的优势，又具有自身独特的优点，属于固—液吸附色谱。这一技术在检测分析工作中只需少量的样品即可进行分离操作。另外，制作薄层板时，适当加大加厚吸附层，可以用其精制样品。这一技术对检测挥发性比较小的或者在高温下容易发生变化的物质比较管用。

（五）毛细管电泳技术

当前社会中，食品具有多样性和复杂性，所以食品添加剂的检测技术也应当不断进行完善，适用的食品分析技术能够满足不同的食品检测的需求，同时还能实现对同一物质的不同组分进行测定。毛细管电泳技术因为具有不同的分离模式，所以其应用范围非常广泛，在食品检测时，对防腐剂、甜味剂、色素等物质都可以进行检测。

技术的不断发展促使商品仪器不断改进，因此已经出现自动进样器以及灵敏度比较高的检测器等，这些商品技术与毛细管电泳技术相结合，有效提高检测的精确度，同时顺利完成连续自动进样和在线分析技术。在检测中综合运用质谱、核磁共振等技术，可将高效毛细管电泳技术的高效分离效率充分表现出来，提高灵敏度和定性鉴定的能力，在最短时间内完成对复杂成分的分离与鉴定，为食品安全检测提供有效方法。

（六）离子色谱法

离子色谱法的应用可以分析物质中无机阴离子和阳离子，同时还可以分析物质中的生化物质。在食品检测中这一技术主要用于检测防腐剂和酸味剂等添加剂。

食品添加剂是现代食品中不可或缺的物质，与人们的生活具有密切关系，保证食品安全有利于社会建设和发展。当前我国的食品添加剂在检测方面相对已经比较成熟，但是食品安全事故频发，新的食品添加剂不断出现，食品检验标准没有得到补充，在一定程度上存在安全隐患。加快食品检测技术研究、综合利用各种检测技术、保证食品安全是当前建设的重要内容。

第二节　食品中非法添加物检测及分析

近年来，食品非法添加物比如苏丹红、三聚氰胺等造成了恶劣的社会影响。为了降低这类安全问题发生率，必须重视对食品中非法添加物的检测及分析，借助相应的技术措施，提高对食品中非法添加物进行检测和分析的有效性，保证人们的食品安全和健康。

一、常规检测技术

（一）分光光度法

分光光度法在食品检测方面有着非常广泛的应用，具有设备简单、准确度高、适用范围广的特点。水产中经常会添加有甲醛等非法添加物，延长水产保鲜期，根据农业农村部于 2006 年 1 月发布的水产行业《水产品中甲醛的测定》，选择分光光度法作为第一法检测水产中的甲醛。硫化钠在味精生产工艺方面有广泛应用，当前将其列为违法添加物，目前我国缺乏专门的味精硫化钠检测方法，将分光光度法应用在硫化钠检测中，能够提供方法基础。

（二）气相色谱与气相色谱—质谱联用技术

气相色谱技术（GC）在农药残留等检测方面广泛应用，敌敌畏等属于剧毒性农药，部分商家为了使腌制品防腐、防蝇等，将敌敌畏等药物添加在食品加工中。国家标准中，关于有机磷农药的检测，以GC法作为首选方法。富马酸二甲酯属于一种较为常见的非法添加物，在糕点类食品防腐方面有广泛应用，分光光度法等检测方法在富马酸二甲酯检测方法会受到糕点油脂和色素等因素干扰，降低检测结果稳定性，GC 检测方法已经成为当前检测富马酸二甲酯的主要方法，具有简便快捷、结果准确等优势。气相色谱—质谱联用技术能够使整个检测工作的灵敏度和选择性得到进一步提升，将其应用在有机磷农药等检测方面，可以为非法添加物的定性检测提供一种安全有效的检测方法。

二、食品中非法添加物新型检测方法

（一）免疫检测法

免疫检测法在实际应用中有着特异性强、分析容量大等优势，已经发展成为食品安全快速筛查主流研究方向，在食品农药残留、苏丹红检测等方面有着非常广泛的应用。免疫检测法中酶联免疫吸附检测法最为常用，在氯霉素含量检测方面有着非常好的应用效果。免疫检测法在实际应用中还存在一定的不足，比如抗体制备复杂、检测目标单一等。

（二）拉曼光谱法

拉曼光谱法有着快速、无损、安全的特点，在实际应用中不需要制备试样、也不需要消耗化学试剂，尤其在非法添加物、果蔬农药残留等检测中发挥非常重要作用。拉曼光谱法在实际应用中同样存在一定的缺陷，整个检测工作容易受荧光干扰，准确性、检测效率还需要进一步提高。

（三）生物传感器

生物传感器属于一种生物敏感部件与转换器相结合的分析装置，被广泛应用在有机磷农药分析中。生物敏感部件在实际应用中对生物活性物质以及特定化学物质存在明显的可逆性和选择性，利用 pH、电导等参数的测量分析农药残留情况。生物传感器技术还能应用在肉制品抗生素、亚硝酸盐等检测方面，但因为处于研究阶段，检测结果的稳定性和准确性还无法得到有效保证。

三、非法添加物分析前处理技术

非法添加物检测前，一般需要对样品进行提取和浓缩等处理，食品基质存在有复杂多样性特点，样品处理技术直接影响检测效率以及准确性。在样品分析之前，需要结合样品性质、检测要求等选择合适的仪器和方法，实现对检验对象的快速准确分析。

（一）常规提取、浓缩方法

食品中非法添加物的检测，首先需要对其进行提取、净化和浓缩处理。常用提取方法有溶剂浸提法等，利用乙醇等有机溶剂提取目标物，之后利用旋转蒸发仪等设备浓缩。在溶剂浸提过程中，还可以应用微波、超声波等辅助手段，提高提取效率，属于一种重要前处理方法。

（二）加速溶剂萃取法

加速溶剂萃取法在固体和半固体样品处理方面有广泛应用，需要在高压和高温条件下，利用有机溶剂提取目标物，有机溶剂用量少，提取速度快。相比溶剂浸提法，加速溶剂萃取法不需要花费过长时间，有着非常高的提取效率，各项技术指标能够满足农药残留检测实际需要。

（三）固相萃取法

固相萃取法属于一种新的色谱样品前处理方法，主要是利用固体吸附剂吸附样品中的目标化合物，实现目标与基样相互分离，固相萃取法在农药、三聚氰胺等检测方面有着非常广泛的应用。相比于传统萃取法，固相萃取法在实际应用中能够避免溶剂浸提法的一些缺陷，整个萃取过程简单、快速，不会对人体和环境造成过大影响。

当前非法添加物的检测以化学仪器检测方式为主，随着免疫检测法等检测技术的发展，实际检测中需要结合非法添加物化学性质针对性地选择检测方法，未来非法添加物检测需要向低成本、高效、准确等方面发展，样品前处理技术同样需要向快速、精确、自动化方向发展，减少各类人为因素影响所产生的误差。

第三节　食品中农药残留检测技术的分析

农药大量和不合理使用所造成的环境污染问题，以及农产品中的农药残留问题，越来越受到各国政府和公众的关注。随着国外不断发布更加严格的农药残留最大允许限量，我国农产品、食品进出口贸易正面临严重的农残困扰。农药残留检测是对痕量组分技术，要求检测方法具有精细的操作手段、更高的灵敏度和更强的特异性。农药残留分析的全过程可以分为样品采集、制备、贮藏、提取、净化、浓缩和测定等步骤及对残留农药的确证。本节分别从技术的现状与发展方向进行阐述。

随着人们生活水平的提高，由农药残留引起的食品安全问题也越来越受到人们的关注，对农药残留的监测手段和检测水平提出了更高的要求，一方面促进了农药残留快速检测方法的研究，使农药残留检测技术朝着更加快速、方便的方向发展；另一方面又推动仪器检测技术的发展，使检测结果更加准确、灵敏。农药残留快速检测和仪器检测技术都得到快速的发展。

一、食品中农药残留现状

农作物在生长过程中极易受到病虫害、杂草等的危害，因此农民在管理农作物的过程中会根据农作物的生长情况进行防病虫害、除杂草的治理，农药就是农民用于防治病虫害、除杂草最重要的“武器”，对促进农业增产有十分重要的作用。但农民在使用农药时缺乏科学的指导，常出现不合理的现象，导致农药污染问题，食品中农药残留量超标现象也十分普遍，严重影响人们的身体健康，因此必须严格检测食品中农药残留，防止超标农药对人体的危害。

二、农药残留快速检测技术

（一）色谱法

色谱法是检测食品中是否有农药残留的主要手段，可对农药的多残留进行分析，色谱法主要有气相色谱法、高效液相色谱法和超临界流体色谱法。高效液相色谱法是20世纪60年代后兴起的一种分离、分析检测技术，经多年的实践、改进、完善，高效液相色谱法在食品农药残留中应用也非常广泛。高效液相色谱法分离效果好，检测速度快，可应用于多种农药残留检测。超临界流体色谱法是近几年才发展起来的新型食品农药残留检测技术，主要用于检测高沸点且不挥发的试样，分离效率比高效液相色谱法更高，主要应用于提取和检测食品中农药残留，是目前我国食品农药残留检测中发展趋势最好的检测技术。

（二）生物传感器法

生物传感器法是目前农药残留速测技术中的研究热点，是由一种生物敏感部件与转换器紧密配合的分析装置，这种生物敏感部件对特定化学物质或生物活性物质具有选择性和可逆响应，通过测定pH、电导等物理化学信号的变化，即可测得农药残留量。这是一种利用农药对靶标酶（如乙酰胆碱酯酶）活性的抑制作用，利用复合纳米颗粒及纳米结构增强酶电极的性能并以生物活性单元（如酶、蛋白质、DNA、抗体、抗原、生物膜等）作为敏感基元，对被分析物具有高度选择性的现代化分析仪器。纳米生物传感器技术是目前新兴的，且在综合生物工程学、微电子学、材料科学、分析化学等多门学科的基础上发展起来的一项生物新技术，它把纳米材料和生物活性物质巧妙地与传感器技术、计算机技术结合起来，是传统烦琐的化学分析方法的一场革命。纳米农药残留量传感器在农药残留的检测中，除了具有上述灵敏度高，可接近常规仪器检测标准的优点外，还具有结构紧凑、操作简便、检测迅速、选择性好等许多其他方法不可比拟的优势。

（三）活体检测法

活体检测法是使用活的生物直接测定。例如，农药与细菌作用后可影响细菌的发光程度，通过测定细菌发光情况，则可测出农药残留量。又如，农药残留会导致家蝇中毒，使用敏感品系的家蝇为材料，用样本喂食敏感家蝇后，根据家蝇死亡率便可测出农药残留量，一般在 4 ~ 6h 可测出蔬菜是否含超量农药。但该法只对少数药剂有反应，无法分辨残留农药的种类，准确性较低。使用家蝇检测蔬菜中的农药残留，过程简单、无须复杂仪器，农户便可自行检测，缺点是检测时间较长，仅适于田间未采收的蔬菜。

（四）酶联免疫法

酶联免疫吸附剂测定法简称酶联免疫法，利用抗体与酶复合物结合，通过显色进行检测。其原理是，使抗原或抗体与某种酶连接成酶标抗原或抗体，既保留了其免疫活性，又保留了酶的活性。在测定时，使受检标本和酶标抗原或抗体按不同的步骤与固相载体表面的抗原或抗体起反应。用洗涤的方法使固相载体上形成的抗原抗体复合物与其他物质分开，最后结合在固相载体上的酶量与标本中受检物质的量成一定的比例。该方法的检测效果好，因此发展较好。

（五）分子印迹技术

分子印迹技术原理是将模板分子与功能单体在合适分散介质中依靠相互作用力，如共价键、离子键、氢键、范德华力、疏水作用以及空间位阻效应等，形成可逆结合的复合物；再加入交联剂在光、热、电场等作用以及引发剂和致孔剂辅助下形成既具有一定刚性又具有一定柔性的多孔三维立体功能材料，并且将模板分子有规律地包在其中。合成后用一定方法把模板分子去除，从而获得与模板分子互补，有特异识别功能的三维孔穴，以便用于与模板分子再结合。近年来有关印迹传感器技术在农药检方面的研究不断深入，所涉及的农药品种趋于多样化。已报道的印迹传感器可用于检测敌草净、草甘膦、对硫磷、莠去津等10余种农药。

（六）确证技术

对于检出的农药需要进行确证，以证实有该农药的存在，确证方法主要有色谱确证和质谱确证。色谱确证农药的方法有两根不同极性的毛细管柱确证、同一根色谱柱不同的检测器确证、不同的色谱柱不同的检测器确证等；质谱确证包括气质联用仪、液质联用仪。

综上所述，本节主要对食品中农药残留检测技术进行分析和研究，介绍当前食品农药残留检测的现状，阐述农药残留检测的技术的重要性，并详细分析几种检测技术，有利于保证食品安全，更好地保障消费者的合法权益。

第四节　食品安全理化检测技术的分析

食品安全理化检测主要外在表征是理化指标、农兽药、重金属等问题，应对这些问题的主要方法有理化检测法和免疫学检测法，这两种方法有特有的优缺点和应用范围。其中，理化检测方法又可以分为色谱分析和光谱测定等方法，这些方法依靠分析检测仪器，大多能进行定性分析和定性检测，灵敏度较高。但部分方法检测程序复杂、费用较高。因此，定性分析和定量检测在食品生产企业中得到了良好应用。

一、理化检测方法中色谱分析法

薄层色谱法、气相色谱法、高效液相色谱法和免疫亲和色谱法是色谱分析中最为常见的方法。其中，薄层色谱法是微量快速检验的方式，但是相对于其他的方式，此种方式灵敏度并不是很高。气相色谱法具有高效和快速、灵敏度高的特点，但是此方法不能检验农药。高效液相色谱法对被检测物质的活性影响相对比较小，同时，并不需要特别对样品进行汽化，就可以检测出其中非挥发性物质和很难测定的残留物等。针对农兽药残留的检测，免疫亲和色谱法是把复杂的样品进行离析提取，最终经过处理以后，再对农药进行检测，主要针对待检样品应用进行拓展，保证了结果的准确性和安全性。

二、理化检测方法中光谱测定法

在原子吸收光谱和近红外光谱分析中，重金属检测具有较高的应用价值。换句话说，原子吸收光谱法在无机元素含量测定中具有较大的应用价值。近红外光谱分析对于物质的物理状态没有特殊的需求。针对农药残留和转基因的食品研究中，毛细管电泳法就可以应用在食品基质成分复杂的检测中。而生物传感器主要用于重金属残留物和乳品掺假、植物油掺假等检测，其具有灵敏度和识别度相对较高的特点，应用较为广泛，如茶叶、酒水、乳制品的等级评定等。

三、免疫学检测方法中酶联免疫吸附测定

免疫学检测法以抗原抗体反应的特异性反应及灵敏度作为检测的基础。针对单独的理化现象比较有难度，但是适用于比较复杂基质中衡量组分的分离或检测。在食品安全检测中，酶联免疫吸附测定（ELISA）技术是目前应用比较广泛的方式之一，食品中抗生素残留和霉菌毒素等的检测试剂盒即以此为基础。其通过酶标记物对抗体进行分辨和识别，放大检测信号，提升了检测的灵敏度和可靠度、安全度。在 2003 年之前，此类检测试剂盒以进口为主要渠道；在 2003 年之后，国内此类产品也开始兴起，并逐渐取得一定的市场份额。比如，呋喃西林代谢物，国内可以生产出符合标准的检测试剂盒，其检测灵敏度达到了标准的要求，也达到了高效液相色谱法的检测灵敏度，甚至更高，在实际的生活与生产应用中得到了大量的好评。

四、免疫学检测方法中胶体金免疫层析技术

免疫层析（IC）技术是一种把免疫技术和色谱层析技术相结合的快速免疫分析方式。通过酶促显色反应或者使用可目测的着色标记物，5 ~ 10 分钟便可得到直观结果。此种方式，无须考虑标记物，也无须进行分离，在操作方式上，相对简单，方便进行判断，在食品检测的市场中适合快速检测。

五、常用检测技术比较

常用的检测方式，如高效液相色谱法和酶联免疫吸附测定法、胶体金免疫层析技术等，在食品安全理化检测技术中，具有比较大的优势。高效液相色谱法在检测样本的过程中，处理复杂、操作较难，成本一般人很难承受，因此，只能应用在大型企业和国家单位中。酶联免疫吸附测定技术目前已有大量商品化试剂盒，检测项目覆盖了几乎所有兽药残留、致病微生物等，操作便捷、灵敏度高，相对需要专业化的实验设备。胶体金免疫层析试纸条的方法，操作相对来说比较简单，此方法主要应用在现场快速筛选中。蛋白质芯片等技术还处于实验研究阶段，由于技术和设备的成本限制，应用较少。随着科技的不断发展，很多应用比较广泛的检测技术随着成本的降低和技术的进步不断发展。

近年来，免疫检测技术在食品安全理化检测中得到应用。其中，蛋白质芯片、基因芯片、生物传感器技术等，还要在未来进行研究和探究，不断随着科技发展与时俱进。

第五节　食品包装材料安全检测技术分析

改革开放以来，我国经济得到了迅速发展和进步。随着经济的快速发展和进步，我国在食品包装材料安全检测技术方面也取得了显著成就。人们的生活水平得到了大幅提升，人们对于食品包装材料安全问题越来越关注，同时对食品包装材料安全提出了越来越高的要求。为更好满足人们的需求，提高人们的身体健康素养，我国相关政府在食品包装材料安全技术方面投入了大量的资金和精力，也取得了令人瞩目的成就。本节对目前我国食品包装材料安全问题以及相关技术方面作了简要的分析和探讨。

在食品包装材料安全检测的过程中，安全检测技术起着极其重要的作用。近几年我国经济得到了快速的发展和进步，但在食品包装材料安全方面出现了一系列的问题。例如，我国的食品竞争压力越来越大，许多食品生产企业为获得更多的经济收入，在进行食品包装时来能严格地按照国家规定的标准进行包装和操作，许多企业在包装时选择一些对人们身体健康有害的材料，给人们的生命安全带来极大的威胁。因此，为尽快改变这一现状，提高食品包装材料的安全性，我国相关政府必须不断加大对食品包装材料安全检测的力度和对食品包装材料安全检测技术的投入力度，以及不断提高食品包装材料安全性。

一、食品包装材料安全检测存在的问题

尽管我国相关政府在食品包装材料安全检测方面投入了大量的资金，也针对我国的食品安全材料检测现状提出了一系列相关的法律法规，但这些法律法规存在许多问题。例如，许多法律法规的针对性较差，无法针对食品包装材料安全检测的具体问题进行解决。此外，我国的法律法规过于形式化，许多法律法规无法被真正应用到实际中。同时，我国的食品包装材料安全检测设备存在诸多的问题。例如，由于我国的贫富差距比较大，在经济比较落后的地区，食品包装材料安全检测机构的检测设备较落后，已远远不能满足现代人们的安全需求。同时，由于受经济的约束，许多经济落后地区的安全检测人员素养较低，检测能力较差，这也是造成食品包装材料安全检测存在问题的主要原因之一。

二、提高食品包装材料安全检测的有效对策

现如今，人们在购买食品时十分注重食品的外接触以及内接触材料，因此食品生产商对食品接触材料的重视程度逐渐提高；此外，食品生产商也需要提高对食品接触材料的成本关注。食品接触材料主要是作为容器盛装食品，避免食品受到外界污染，使食品的可食用时间得以延长。食品接触材料与食品直接接触，在温度、光照等因素影响下，食品接触材料中的部分物质可能会迁移到食品中，导致食品受到污染。若消费者食用了受污染的食品，将会影响身体健康，所以需要通过一定的安全检测手段来监测食品接触材料的安全性，从而使消费者的健康安全得到保障，同时满足行业发展的需要。

（一）加强对于食品包装材料安全检测技术的重视程度

为了更好提高我国食品包装材料的安全性和食品包装材料安全检测技术水平，我国政府相关部门必须不断地提高对于食品包装材料安全检测技术的

重视程度，增加食品包装材料安全检测技术开发的资金投入力度。例如，相关政府应尽快建立健全与食品包装材料安全检测有关的法律法规，根据我国食品包装材料安全检测存在的问题制定相对应的政策，并将这些政策应用到实际中。同时，还应该加强这些法律法规的执行力度。另外，相关政府应尽快在各个地区成立食品包装材料安全检测机构，并对一些经济比较落后的地区给予一定的经济资助。

（二）加大对食品包装材料安全检测技术人员的培训力度

在食品包装材料安全检测过程中，食品包装材料安全检测技术人员扮演着十分重要的角色，检测技术人员的技术水平对保障所有食品的安全具有至关重要的作用。因此，相关部门必须不断加大对食品包装材料安全检测技术人员的培训力度，尽快提高他们的食品包装材料安全检测技术水平。

例如，相关部门可首先加大对各个食品包装材料安全检测机构的资金投入力度，使各个机构都可对安全检测技术人员进行定期培训。其次，对于食品包装材料安全检测机构而言，各个机构必须定期对安全检测技术人员进行培训。在培训过程中，机构可邀请安全检测技术专家来进行培训；在培训结束后，机构还应对所有安全检测技术人员的培训成果进行考查，考查不合格的安全检测技术人员应给予一定的惩罚，而对考查成绩优秀的技术人员应给予一定的奖励。

（三）建立健全我国与食品包装材料安全检测有关的法律法规

相关政府部门应建立健全我国与食品包装材料安全检测有关的法律法规，加大法律法规的执法力度，确保所有食品包装材料安全检测机构在进行检测时严格按照国家的规定。

食品接触材料与食品安全密切相关。国家在食品安全市场准入制度中规定，只有合格的原材料、食品添加剂、包装材料和容器才能生产出符合质量安全要求的食品，因此食品接触材料的安全性是食品安全的重要组成部分。加强食品接触材料安全监管，更好地保护消费者的生命健康安全，已经成为政府监管部门和相关从业者的共同挑战。

三、食品接触材料对食品安全性的影响

（一）纸和纸板类食品接触材料

在食品接触材料中，纸是最为传统的。纸类接触材料价格低，便于运输，生产有很好的灵活性，其造型也比较容易，因此在生活中有着极为广泛的应用。人们一般将纸作为纸杯、纸箱、纸盒、纸袋等包装材料直接接触食品，现在常用的纸类食品接触材料主要有牛皮纸、半透明纸、涂布纸、玻璃纸和复合纸等，但纸类接触材料也是有一定安全隐患的。

纸类接触材料中，有些是利用废纸生产的，材料收集中会有一些霉变的纸张，这类纸张经生产之后也会存在霉菌、致病菌等，使食品腐蚀变质。同时，回收的废纸中可能含有镉、多氯联苯、铅等有害物质，使得人们出现头晕、失眠等症状，严重的甚至会导致癌症。

有些食品工厂在使用纸质食品接触材料时，没有使用专用的油墨，而是用非专用的油墨，其中有很多甲苯等有机溶剂，导致食品中苯类溶剂超标。苯类溶剂毒性大，如果进入人的血管、皮肤中，会使人的造血功能受到影响，导致人的神经系统受到损害，严重的会引发白血病等疾病。

造纸过程中常需要将染色剂、漂白剂等添加剂加入纸浆中，纸张通过荧光增白剂处理之后，其中会有荧光化学污染物，其会在水中快速溶解，易进入人体中。如果人体中有荧光增白剂进入，人体吸收之后就无法顺利分解，导致人的肝脏负担加重。医学表明，荧光物质会导致细胞变异，若数量过多，甚至会引发癌症。

（二）塑料食品接触材料

塑料材料是目前涵盖种类、数量最多，使用最频繁的一类包装材料，特别是在现代生活中。在食品行业中，塑料材料的应用范围极为广泛，其中60%左右的商家选择塑料材质作为食品接触材料。塑料是高分子聚合物，由高分子树脂与多种添加剂共同构成，其重量轻、加工简单，能够很好地保护食品，并且运输起来更加便利。塑料接触材料中，树脂、添加剂等会对食品的安全产生影响。

树脂本身没有毒性，但降解之后的产物、老化产生的有毒物质会极大地影响食品安全。比如，保鲜膜中含有氯乙烯单体，若生产中聚氯乙烯没有完全聚合，残留的氯乙烯就会成为污染源。氯乙烯单体能够起到麻醉的效果，人的四肢血管会吸收进而出现疼痛，并且会致畸、致癌。

塑料生产中常使用添加剂，如胶黏剂等，其主要成分是芳香族异氰酸，利用该材料制作塑料袋，高温蒸煮之后就会产生芳香胺类物质，这类物质可致癌。塑料比较容易回收，常被反复使用，若直接用回收的塑料材料接触食品，食品安全必然会受到极大影响。塑料接触材料的回收渠道比较复杂，回收容器中残留的有害物质也无法保证彻底清洗干净。有些厂家回收塑料时使用大量的涂料，会残留大量的涂料色素，导致食品受到污染。而且由于监督管理不到位，很多医学垃圾塑料被回收利用，成为食品安全的重要威胁。在食品接触生产加工中，加入的着色剂、稳定剂、增塑剂等质量有问题，因此易产生二次污染，严重威胁食品的安全。

（三）金属食品接触材料

金属材料作为食品接触的重要材料，其容易回收，并且有耐高温、高阻隔的优势，但金属材料不耐酸碱，并且其化学稳定性不强。

金属接触材料主要涉及涂层类金属和非涂类层金属。涂层类金属接触材料中，其表面涂布的涂料中可能有游离甲醛、游离酚以及其他有毒单体溶出。对于非涂层类金属接触材料，其会溶出有毒有害的重金属。当前，主要的金属接触材料是铁、铝、不锈钢及各种合金材料，如铝箔、无锡钢板等，铁制品中镀锌层与食品接触，锌就会转移到食品中，使人们出现食物中毒。铝制品、铝材料中有锌、铅等元素，如果人体摄入量过多，逐渐积累会导致慢性中毒。

（四）玻璃、陶瓷、搪瓷类食品接触材料

在食品接触材料中，玻璃也比较常见，但其化学成分有差异，因此玻璃主要有铅玻璃、钠钙玻璃、硼硅酸玻璃等种类。玻璃无毒无味，卫生清洁，化学稳定性强，并且有很好的耐气候性。但由于玻璃具有一定的高度透明性，因此对于一些食品是不良的，易发生化学反应，从而产生有毒物质。玻璃接触容器中的有毒物质比较单一，主要包括砷、铅、锑，而且通常其向食品中迁移量不多，一般不会对人体造成太大危害。

我国的陶瓷制品使用历史悠久，陶瓷的研究在世界上也位居前列。陶瓷接触材料的主要问题在于陶瓷表面涂料或釉彩中重金属铅、砷、镉等含量可能超标。有研究表明，彩釉中含有的镉及其他重金属迁移到食品中，严重威胁人类的健康。

搪瓷是在金属表面涂覆一层或数层瓷釉，通过烧制，两者发生物理化学反应而牢固结合的一种复合材料。有金属固有的机械强度和加工性能，又有涂层具有的耐腐蚀、耐磨、耐热、无毒及可装饰性。搪瓷和陶瓷制品一样，其卫生安全问题源于表面涂料或彩釉，着色颜料也会有金属迁移，有研究表明，已上釉彩的包装容器，如使用鲜艳的红色或黄色彩绘图案，铅或镉会大量溶出。

（五）橡胶和硅橡胶类食品接触材料

橡胶作为一类重要的化工材料，在食品工业中的作用日益扩展，越来越多地应用于食品接触材料领域中。相对于其他食品接触材料，橡胶拥有独一无二的高弹性性能，同时还具备密度小，绝缘性好，耐酸、碱腐蚀，对流体渗透性低等优势，这些特性使橡胶类制品广泛用于与食品接触的婴幼儿用品、输送带、管道、手套、垫圈和密封件等产品中。

橡胶输送带、管道、手套等产品与食品接触基本是动态的，接触时间相对较短，接触面积与食品体积或质量的比值很低，这种情况下的橡胶组分迁移一般较少，甚至可以忽略，因而安全风险相对较低。但对于奶嘴之类的婴幼儿用品，由硫化促进剂等引起的亚硝胺问题需要特别关注。盖子、垫圈、密封件等，由于在密封食品的过程中需要经过高温杀菌处理，所以这类接触材料中的有毒有害物质，尤其是增塑剂等，易迁移至食品中，对人体产生一定的危害。

与各类橡胶材料相比，硅橡胶具有优异的耐高低温、耐候、耐臭氧、抗电弧和电气绝缘性等特性，同时耐某些化学药品，透气性高，并且具有良好的生理惰性，无臭无味，因此在食品接触材料制品中应用越来越广泛，逐渐取代了橡胶制品的主导地位。

（六）其他食品接触材料及辅助性材料

竹、木等天然材料自古就被用作食品加工或承载工具，随着加工工艺技术的发展和油漆、涂料等辅料的使用，竹木类产品性能进一步改善，品种和用途也更加多样化。

再生纤维素薄膜，又称赛璐玢。它高度透明，纸质柔软光滑，有漂亮的光泽；挺度适中，拉伸强度好，有良好的印刷适性；无孔眼，不透水，对油性、碱性和有机溶剂有较好的耐受性；不带静电，不会自吸灰尘。再生纤维素薄膜是一种常见的食品包装用纸，多用于包装糖果，也可用作其他包装的内衬。

为延长食品货架期，活性及智能食品接触材料被逐渐引入食品包装应用中，以添加或去除食品中的某些成分，尽量延缓食品变质甚至改善食品的感官品质。这种材料主要作为包装材料的成分或附件，其本身并不独立使用。

大多数食品包装都离不开印刷油墨及涂料等辅助材料，通过印刷图案、文字展示产品信息，将信息直接传递给消费者，使产品在货架上备受瞩目，提供品牌推广机遇。尽管油墨一般印刷在包装的外表面，并未与食品直接接触。研究表明，印刷油墨中的成分仍可能通过其他途径迁移到食品中，影响人体健康，尤其是重金属、芳香胺、多环芳烃、溶剂残留等污染较为严重。

四、食品接触材料安全性检测策略

（一）建立健全食品接触材料卫生标准

当前，我国的食品接触材料卫生标准等并不完善，因此需要建立科学全面的食品接触法律法规等。将卫生部门与工商管理部门结合起来，从而使法律法规的制定有科学依据。政府部门需要优化与改进当前的法律法规，对于不同种类的食品接触材料，需要结合其实际成分含量进行科学的规定。积极学习借鉴欧美等西方国家的经验，并结合我国市场的特点，对不同食品、食品接触材料等提出针对性的技术指标。

（二）强化食品接触企业的自律

我国的政府部门需要对食品企业进行诚信教育、法制教育，通过科学化的教育方法对企业进行教育培训，从而强化企业的法律意识，并使企业能够对自己的行为自律。企业在生产中，需要科学地选择和控制原材料，不能为减少成本支出使用廉价、不达标的材料。

（三）健全食品材料检测体系

食品接触材料的成型工艺、分子结构以及加工助剂等有差异，因此食品接触材料直接的差异也较大，食品接触材料的检测工作也有一定的复杂性。因此需要建立完善的食品接触材料检测中心，结合国家的相关标准有效地检测不同接触材料的性能特点。强化食品接触材料的检测技术，找到高效快速的检测方法，使食品接触中残留的重金属、单体等有毒有害物质能够得到有效检测，提高检测水平。

（四）使用新型接触材料

我国的相关机构以及科研部门需要通过多样化的方法争取资金支持，从而强化对食品接触材料的投入。当前在对食品接触材料研究中，其主要目标是延长货架期，实现高阻隔，并减少接触材料对食品产生的影响。目前，有些食品中已经开始使用可食性接触材料，这些食品接触材料的安全性较高，不仅可食用，而且不会对人体、环境等造成负面影响。

（五）强化接触材料安全检测技术人员培训

在食品接触材料安全性检测中，检测技术人员发挥着极为重要的作用，检测人员技术水平将对食品安全造成重要的影响。所以需要强化食品接触材料安全性检测人员的教育培训，使其检测水平得到提高。相关部门要加大食品接触材料安全检测机构资金的投入力度，定期组织安全检测技术人员培训，邀请安全检测专家开展讲座培训等，并对安全检测技术人员的培训成果进行考核，考核不合格的需要给予惩处，考核优秀的给予一定的奖励。

当前，在食品安全中，食品接触材料的安全性极为重要，食品接触材料与食品直接接触，其安全性将对食品安全、消费者的身体安全造成直接的影响。食品接触材料安全问题是当今世界食品安全的重要环节，因此，科学的检测及安全性评价体系显得尤为重要。

第六节 食品中氯霉素（CAP）残留检测技术的进展分析

本节介绍了检测食品中氯霉素残留量的微生物检测技术、光谱检测技术、色谱检测技术、快速测技术，分析了检测技术的未来发展趋势。

研究发现，蛋、肉、奶等动物性食品中存留的氯霉素可以在一定程度上影响人们的健康，长期摄入氯霉素，会导致病菌出现抗药性，机体正常菌群出现失调问题，致使人们容易出现各种疾病，因此食品中残存氯霉素的检测就显得十分重要。

一、食物中残留氯霉素的来源

氯霉素类抗生素可以治疗和控制家禽、水产品、家畜等的传染性疾病，曾经广泛应用在畜牧业中，所以动物性食品中可能残留氯霉素。食品中存留的氯霉素会对人们的健康造成影响，不少国家都出台了禁止使用氯霉素类药物的相关法律法规。但是由于氯霉素价格低廉、效果好，仍有企业在违规使用。

二、食品中氯霉素残留检测技术

（一）微生物检测技术

微生物检测技术主要包括两种形式：一是基于抗生素能够抑制微生物生长的特点来实施；二是基于发光微生物对氯霉素比较敏感，从而出现生化特性来实施。例如，鳆发光杆菌会受到氯霉素影响，抑制其发光作用，可以利用其发光强度来检测其内部的氯霉素含量。这种微生物方式具有容易操作、经济简便等特点，可以检测多种抗生素类药物，但是具有比较低的特异性和敏感性，不适合大批量检测，并且会出现假阳性的结果，导致出现错误判断。

（二）色谱检测技术

近年来，不断出现联用各种仪器设备的分析方式，促使色谱检测技术具有更加良好的检测分析能力。这种检测技术已经大量应用于检测各类食品的氯霉素存留中。目前，动物源性食品中氯霉素类药物残留量测定标准规定的动物源性检测食品中残留氯霉素含量的液相色谱质谱和气相色谱质谱技术，比较适合使用在监测畜禽产品、水产品以及副产品中甲霉素、氯霉素等残留量的定量和定性分析中。除此之外，还有其他类型的色谱检测技术，如在检测蜂蜜、牛奶、禽畜肉、奶粉等产品时使用的高效液相色谱串联质谱检测技术，在乳制品中检测氯霉素含量的高效液相色谱电喷雾离子检测技术等。色谱检测技术具有准确性高、灵敏度高等优势，但是在处理前期样品时，由于成本比较高、专业性强、操作复杂，不适合进行快速大批量检测。

（三）光谱检测技术

光谱检测技术主要是通过物质形成特征光谱来定量、定性分析。检测食品中的残留氯霉素时，可以应用的光谱技术包括近红外光谱、紫外光谱、可见光谱等。实践表明，光谱检测方式具有成本低、操作方便等特点，但是具有低的选择性，并且近红外光谱检测方式需合理结合化学计量技术，以便达到分解数据的目的，具有很强的专业性。

（四）快速检测技术

快速检测技术具有经济简便、快速灵敏的特点，比较适合应用在快速检测大量样品时，能够快速及时发现检测样品中存在的问题，在分析食品和药物、保护环境等方面具有一定作用和应用前景。

1. 免疫检测技术

免疫检测技术是一种利用结合抗体和抗体特异性为基础的分析方式，主要包括固体免疫传感器、放射免疫法、酶联免疫吸附试验。相比酶联免疫吸附试验，放射免疫法具有比较高的灵敏度。但是这种技术存在放射性污染，同位素半衰期短，会在一定程度上影响人们的健康和环境。所以，普遍使用的是酶联免疫吸附试验。酶联免疫吸附检测技术存在灵敏度高、特异性强以及操作简单等特点，可以进行批量检测，并且分析成本低以及仪器化程度低，是现阶段比较理想的一种检测氯霉素残留物的方式。酶联免疫吸附试验由于存在比较多的影响因素，很容易形成假阴性和假阳性结果。从理论上来说，样品中有类似于氯霉素的结构时，容易出现免疫交叉反应，促使形成假阳性结果，因此，可以使用这种技术检测阳性结果。该检测技术比较适合使用在大量样品筛选和现场监控中，具有良好的应用前景。

2. 传感器检测技术

检测氯霉素残留时应用比较广泛的是化学传感器和生物传感器。

生物传感器是通过选择性识别生物活性物质来进行检测的，具有很强的特异性和灵敏度。依据不同的生物识别元件，可以把生物传感器分为免疫传感器、酶传感器以及微生物传感器等，其中最受关注的是免疫传感器。在快速检测氯霉素时，已经逐渐开始应用以适配体作为识别不同生物元件的适配体传感器，这种方式具备很好的选择性，其中氯霉素结构类似物不会影响 CAP 的结果，检测限制是 1.6 nmol/L。

化学传感器主要是通过电化学反应基本原理，把化学物质浓度变为电信号进行检测。利用金电极作为基本工作电极，选择检测电位，可以适当高选择性地检测氯霉素，检测限制是 1.0 μ mol/L。利用聚乙烯亚胺纳米金合理修饰玻碳电极，能够检测牛乳中的氯霉素残留物，该方法具有 96.8% 的检测回收率，准确率可达 99%，检测每份样品的平均时间是 4 min。

分子印迹仿生传感器具有相对较高的特异性和灵敏度，检测限制是 2 nmol/L，在检测牛奶样品时具有 93.5% ~ 95.5% 的检测回收率。

3. 生物芯片检测技术

生物芯片检测技术是依据生物分子之间存在相互作用的特异性的原理，在芯片上集成生化分析过程，以达到快速检测蛋白质、细胞、生物活性成分的目的。生物芯片主要有蛋白质芯片、基因芯片、组织芯片、细胞芯片，具备灵敏度高、方法快速简单、重复性好的特点，比较适合使用在大规模检测磺胺二甲嘧啶和氯霉素中。悬浮芯片技术是新型的生物芯片检测技术，利用液相中悬浮的荧光微球进行检测，具有特异性很强、快速灵敏、高通量的特点。

随着分析检测水平的不断提高，逐渐出现了各种类型的残留氯霉素检测技术，主要发展方向是建立高选择性、高灵敏度的复杂仪器机制，开发自动智能、灵敏快速的检测技术。快速检测技术由于经济简便、成本低、适合使用在大批量样品检测中，已经得到广泛关注和重视，在分析残留氯霉素以及保护环境等方面具备一定应用前景。

第三章　食品计量检测仪器操作

第一节　简单玻璃加工操作和仪器装配

一、简易玻璃器件的加工

（一）玻璃管的截断

截断玻璃管，可先将玻璃管放在桌上，用三角锉刀（或小细砂轮、碎瓷碗片的锋刃），在要切断处与玻璃管垂直单向锉细痕，不可用拉锯法来回锉。锉痕约为玻璃管周长的 1/4 即可。然后两手拇指略向后并稍向外轻拉，玻璃管即可整齐断开，把断面插入酒精灯外焰，边转动边加热，烧至发红后放置冷却，即可烧成光滑的管口。但加热时间不要太长，以防管口收缩。亦可用铁丝网用力打磨。截断玻璃棒与上述方法基本相同。切断粗玻璃管时，可用沾过水的玻璃刀或锉刀在要切断处锉出一圈细痕，然后用烧得白炽的玻璃棒一端压触细痕，即可产生裂纹，挪动位置再重复几次即可切断。或用喷灯的火焰尖端加热锉痕，并不停地转动玻璃管，待整圈锉痕处烧至微红时，用毛笔在锉痕上沾水，玻璃管即可切断。欲截断玻璃瓶，可先锉出一圈细痕，让瓶身横放，用细棉线在锉痕处缠几圈，吸足酒精，点燃棉线，并转动瓶身；燃毕，立即将瓶竖直插入冷水中至浸没锉痕，瓶子即可断开，如切不齐，则用锉或铁砂网磨削突出处，或沾水在废砂轮上磨平。

（二）玻璃管的弯曲

先将玻璃管放在弱火焰预热，再在强火焰中加热，若玻璃管受热面积小，弯曲时会变瘪；为了增加玻璃管的受热面积，左右移动加热或在灯焰上套一个薄金属片制成的鱼尾形扩焰器（也叫鱼尾灯头），使玻璃管受热处达 3 ~ 5 厘米；加热时，两手手心向上平托玻璃管两端，并向同一方向不停转动，两手转速要一致。当玻璃管受热部分烧红而且变软，但尚未自动变形时，离开火焰，两手向上向里轻托，并保持玻璃管在同一平面上，一次弯成所需要的角度，若两手转速不一致，或不在同一平面上则容易弯曲玻璃管。如要弯成小的角度，可分几次进行。但每次加热的中心应稍有移动，要特别注意的是，角度越小，玻璃管越要烧得软些，而且边弯曲边向管内吹气（管的一端预先封闭），但吹气不要过猛，否则被烧软的部位容易鼓泡。玻璃管弯好后，应放在木板或石棉网上冷却，不要骤冷，以防炸裂。

（三）玻璃管的拉细

两手手心相对，握住玻璃管，使玻璃管在灯焰上加热，并不停地以同一速度向同一方向转动，至玻璃管红热发强光，并充分软化时，离开火焰，两手均匀用力向左右拉伸，直至拉成所需细度，固定两手让玻璃管冷却，拉细时要注意整个玻璃管在同一直线上，粗细管有共同的中心。玻璃管拉好冷却后，按所需长度截断，即得两支尖嘴管；在管的粗端均匀加热至软化，然后垂直立于木板上向下轻压，可形成一圈稍向外突起的管口，用锥形木棒或碳棒对准管口塞入即成喇叭口；玻璃管拉细后，套上胶头即成滴管。若不是特殊需要，不要拉成很细的玻璃管，以免折断溅飞，伤及眼睛。

（四）玻璃管口的封闭和扩大

先将要封闭的一端烧熔，再用预热过的镊子将其拉成锥形，在靠近封闭处截断，最后加热封闭处使熔合缩成圆头。为使闭合处端正圆滑，可离开火焰趁热向管内小心吹气，反复几次，管底即可整齐。此法也可用来修复破底试管。如要扩大管口，可将管口均匀加热（边加热边转动）至刚软化，然后离开火焰，用锥形木棒插入管口轻旋即成。

玻璃管的熔接：实验室中经常用到两端管径不同的玻璃管、T 形管及 Y 形管，这类管件都是采用对接和侧接技术制成的。被接玻璃管的材料质量应相同，否则因热胀系数不同熔接处冷却时易断裂脱落。

侧接：欲熔接三通管，先取一玻璃管，封闭一端，在熔接处用强火焰尖烧熔，离开火焰后往管内吹气便形成薄玻璃泡，打碎玻璃泡（注意不要让碎屑四处飞扬，特别要保护眼睛），修理破口边缘成一圆孔。另取同一质料玻璃管，烧熔封口后也吹成玻璃泡，然后打碎玻璃泡，管口呈喇叭状，同时均匀加热两根玻璃管的管口，玻璃熔化收缩到两口大小相等时，迅速将两圆口对准粘在一体，继续用强火加热熔接处，使两者充分熔合。由于熔料因张力而收缩，所以应向管内吹气（对接前吹气的玻璃管另一端也应封闭），使熔接处膨胀，反复若干次，使熔接处充分融合为一体，同时使厚薄均匀。经缓慢冷却（相当于退火）后，按需要长度切断烧圆断面即可。对接法与侧接法基本相同。

二、仪器装配

装配简单仪器，常用的操作有塞子钻孔、玻璃管或温度计插入塞孔、玻璃管与胶管连接等。

（一）塞子打孔

常用的塞子有木塞（常用于有机反应）和橡皮塞（严密，但易被某些有机物溶胀），其按大小编号。软木塞在打孔前应先用压塞机压紧压软。选择合适的塞子，以塞入瓶口或管 1/2 左右为宜。如用钻孔器给橡皮塞钻孔，钻孔器应选略粗于插入的玻璃管，给软木塞钻孔，钻孔器应选择细于要插入的玻璃管。钻孔时，应将塞子小头朝上置于木板上，用右手扶住孔的把柄，选好钻孔的位置，一直向下，边钻（顺时针方向转）边转至打通为止。刀刃处可沾点水或肥皂水，以减少摩擦。逆时针旋转，拔下钻孔器，捅出钻孔器中的残屑。为了使塞子两头钻孔都很圆整，也可由两面向中间各钻进一半，但这样做常难达到两孔恰好合一。

（二）向塞孔中插入玻璃管或温度计

向塞孔插入玻璃管或温度计时，插入一端沾少许水（如反应不允许有水，可涂甘油），左手拿塞，右手拿管（靠近塞子一端），慢慢旋入，一般至管头刚刚露出塞子即可。如果是弯管，切不可握住拐弯处作旋柄，以免玻璃管折断刺破手掌。玻璃管插入橡皮管时，橡皮管的口径要比管径略细一些。先湿润玻璃管口，然后稍用力即可插入，插入深度为 15 ~ 20mm。向烧瓶或管口上塞塞子，可用左手捏住瓶，右手拿塞轻轻用力旋进。严禁把烧瓶立在桌上向下用力压塞，这样易把烧瓶压破。

检查装置气密性，要根据装置图的要求，选择适当的仪器。仪器零件的大小、比例要搭配适当，然后按顺序连接起来，并要检查整套装置的气密性。检查的方法是让整套仪器只在一端留有气体出口，将出口导管插入水面下，用手掌紧握烧瓶或试管导管口有气泡冒出，松开手掌，则管口有水柱形成，这些现象说明装置不漏气。否则应检查装置的各连接处，调整至不漏气为止。

第二节　玻璃仪器的洗涤

做实验必须用干净的玻璃仪器。洁净的仪器不仅能给学生以美感，而且还能培养爱整洁的习惯。使用不干净的仪器不仅影响美观，影响观察的清晰度，还可能因仪器污染引入杂质而影响实验的结果。做完实验后，应立刻把用过的仪器洗涤干净。玻璃仪器洗涤干净的标准：没有玷污的杂质、油脂及污垢，呈透明状。检查方法：在仪器中装满水后再倒出，器壁完全被水浸润，在器壁表面留下一层均匀的水膜。仪器用毕，即刻洗涤不但容易洗净，而且由于了解残渣污物的成因和性质，也便于找出处理残渣和洗涤污物的方法，避免有些药品残留在容器里，干后不易洗掉，也有利于培养学生善始善终的工作习惯。洗涤仪器的方法很多，应根据实验要求、污物的性质和玷污的程度来选择。一般来说，附着在仪器上的污物，有尘土和其他不溶性物质、可溶性物质、有机物质和油污。针对这些情况，可分别用下列方法洗涤。

一、水洗

一般情况下先用试管刷刷洗附着在仪器上的尘土和其他不溶性物质，再用水洗则可以除去可溶于水的物质。这种方法最简便，但洗不掉油污和有机物质。应当注意，洗涤时，不能用秃顶的毛刷，也不能用力过猛，否则会戳破容器。洗刷时，可把试管刷伸进容器（如试管）至刷顶毛接触容器底，手握住紧靠试管口外的刷把，或转动，或上下移动试管刷进行刷洗。不能用金属器具特别是铁器（如刀子、铁刷、铁丝等）或沙子等做工具除去玻璃器皿中的污垢。要求比较准确的实验，用自来水洗净后，必须用少量蒸馏水淋洗几次。

二、用肥皂或去污粉洗涤

器皿上有油污或有机物质，可用肥皂或去污粉刷洗，去污粉是由碳酸钠、白土、细沙等混合而成的，使用时首先把要洗的仪器用水湿润（水不能多），撒入少量去污粉，然后用毛刷擦洗。碳酸钠是一种碱性物质，具有教强的去油污能力，而细沙的摩擦作用以及白土的吸附作用，则增强了对仪器的洗涤效果。待仪器的内外壁，都经过仔细擦洗后，用自来水冲洗，最后用蒸馏水冲洗三次。如仍不干净，可先用热碱液洗涤，待去除污垢后，再用自来水、蒸馏水冲洗几次。对于定量精密玻璃仪器，一般不用去污粉洗涤。

三、用化学药剂洗涤

有时在玻璃仪器壁上生成一些难溶物，用水洗不掉，可选用适当的药剂工业品即可与其发生反应，生成易溶物，即可除去。例如，用浓盐酸可洗去附着在器壁上的二氧化锰、氢氧化铁、难溶的硫酸盐和碳酸盐等。用温热的稀硝酸可除掉“铜镜”“银镜”，用硫代硫酸钠溶液可溶解难溶的盐，煮沸的石灰水可洗掉凝结在玻璃器壁上的硫酸钠或硫酸氢钠的固体残留。因此实验中有这两种物质生成时，就要在实验完毕后趁热倒出来，否则冷却后结成硬块，不容易洗去。煤焦油的污迹可用浓碱浸泡一段时间（约 1 天），再用水冲洗，蒸发皿和坩埚上的污迹可用浓硝酸或王水洗涤。

要洗净研钵，可以取少许食盐放在研钵中研磨，倒走食盐，再用水洗。用有机溶剂能够洗掉器皿上的油脂凡士林、碘、松香、石蜡等污物，常用的有机溶剂有乙醇、乙醚、丙酮、苯、汽油等，但使用时应注意节约和考虑是否值得。有机溶剂一般是易挥发且易燃的物质，应注意防火。

四、用洗液洗涤

洗液有多种，常用的洗液是浓硫酸和等体积饱和重铬酸钾溶液的混合液，具有较强的氧化能力。用洗液洗涤的仪器，一般用来进行较精确的实验。使用洗液前先用水洗。把水倒净后，注入少量洗液，使仪器倾斜并慢慢转动，待器壁全部被洗液浸润后，把洗液倒回原来瓶内，再用自来水冲洗掉器壁上残留的洗液，最后用蒸馏水冲洗 2 ~ 3 次。用洗液把仪器浸泡一段时间或者用热的洗液洗涤则效果更好。

因洗液造价较高，所以如果对实验要求不高，能用上述其他方法洗涤干净的仪器就不用洗液来洗。用过的洗液，可以重复使用，但洗液的颜色由原来的深棕色变为绿色后，说明洗液已失去洗涤能力。近年来有人用王水洗涤玻璃仪器，获得了良好效果，但因王水不稳定，所以使用王水时应现用配制。

无论选用哪种洗涤方法，都应符合少量多次的原则，即每次用少量的洗涤剂洗涤，洗的次数多一些，而且在加入新的一份洗涤液以前应该让前一份洗涤液尽量流尽，这样既节约药品又能提高洗涤效果。洗净的仪器，不能用布或纸擦拭，以免留下纤维物玷污仪器。

第三节　常用仪器的干燥

一、常用仪器的干燥

在有些化学实验中，需要用干燥的仪器。因此在仪器洗净后还需进行干燥。仪器的干燥方法有热法（烘干、烤干）和不加热法（晾干和吹干、有机溶剂干燥）两种。

晾干洗净的仪器不急等用，可倒置于干燥处或仪器架上，任其自然晾干。用有机溶剂干燥带有刻度的计量仪器，不能用加热的方法进行干燥（会影响仪器的精密度）。这类仪器可用有机溶剂进行干燥。有些有机溶剂可以和水互相溶解（最常用的是酒精与丙酮按体积 1 ∶ 1 混合）。在仪器中加入少量有机溶剂，把仪器倾斜或转动，器壁上的水即与溶剂混溶，然后倾出。最后残留在仪器内的溶剂很快挥发，水分被带走，从而使仪器得到干燥。如果再往仪器内吹入空气促使有机溶剂迅速挥发，则干燥得更快。

烘干洗净的仪器，有条件的可放在恒温箱内烘干，恒温箱温度可保持在 373 ~ 393K°。仪器放入前应先倒净水，放入时仪器口朝上，若箱口朝下（倒置后不稳的仪器则应平放），应在恒温箱的下层放一瓷盘承受从仪器上滴下的水珠，防止水滴在别的已烘干的仪器上，引起炸裂。同时也可防止水与电炉丝接触，以免损坏电炉丝。厚壁仪器如量筒、吸滤瓶等不宜在烘箱中烘干，冷凝管也不宜烘干。分液漏斗和滴液漏斗必须在拔去塞子或活塞后方能放入烘箱内烘干。

烤干烧杯或蒸发皿可置于石棉网上用灯火烤干。试管的干燥也常用此法。操作时试管要微微倾斜，管口向下，防止水珠倒流而炸裂试管，并不时来回移动试管，烤到不见水珠后，再将试管口朝上，以便赶尽水汽。许多化学实验需要在加热的条件下进行，有时需要高温，有时需要低温，还有的要恒温或连续加热或间断加热等，这就要根据实验要求选用热源。如果加热操作不当，不仅会导致实验失败，有时还会发生事故。因此加热操作的正确与否，关系实验的成败和安全。中学化学实验中一般采用火焰直接加热和间接恒温加热两种类型。

二、常用的热源

化学实验中常用的热源有酒精灯、酒精喷灯、煤气灯和电炉。

（一）酒精灯

酒精灯由灯座、灯管、灯芯和灯帽四部分组成，其火焰外焰温度可达773K° 以上，是最常用的热源。酒精灯使用时应保持灯座内含有去容积的酒精，向灯壶内倾倒酒精必须通过漏斗，严禁向燃着的灯内添加酒精；点燃酒精灯前应调整灯芯高低，并使灯芯松紧适当，太紧会影响酒精上吸，太松又容易从灯管中缩下去（很危险）；如发现灯口处有裂纹或有裂口，应立即停止使用，以防失火或爆炸；点燃酒精灯应用火柴或木条，禁止灯对灯点燃；熄灯时，绝不可用口吹，要用灯帽盖灭；为防止加热时灯焰摇摆、跳动，可罩上防风罩。防风罩可用金属纱网做成，也可用金属片做成，在下端要开有通气孔。酒精灯不用时要盖好灯帽，以防酒精蒸发后，灯芯上残留水分太多，不易点燃。

（二）酒精喷灯

酒精喷灯火焰温度可达 1273K° 以上，常用作高温反应或玻璃加工操作的热源，常见的有座式和挂式两种。

座式喷灯使用前，应先加酒精至不超过灯座容积的 2/3 处，然后旋紧灯座口盖。用探针检查喷射酒精蒸汽的细孔是否畅通。在预热盘内加酒精并点燃，片刻，灯管内酒精汽化，由喷射口喷出，并在灯管口燃烧成焰；上下移动空气调节器，控制进入空气量，可调节火焰大小和温度高低。座式喷灯高温燃烧使用时间不宜过长（一般 30 ~ 40 分钟），以防灯座内酒精的温度太高而完全汽化，使内压过大而爆裂；如灯座锈蚀或开焊，应停止使用；熄灭时，可用木块盖住灯管口，再用湿布蒙在灯座上，以降低酒精温度；旋松铜帽慢慢放出剩余蒸汽（不可拿下盖子，以防着火）。

挂式喷灯使用时，向酒精贮罐内加酒精至近满（如酒精中有不溶物应过滤，以免堵塞灯中细孔），挂在高处，位差大，酒精压强就大，相同情况下火焰越大，温度越高；火焰大小可通过调节器调节。点燃前也应先通畅蒸汽喷口，再在预热盘上点燃酒精，扭开酒精贮罐下的开关，酒精即可流入预热盘，然后关闭调节器，当预热盘内的酒精将燃尽时，打开调节器，酒精在喷口处汽化喷出，便可点燃（或用火柴管口点燃）。通过风门（有的喷灯空气进入量是固定的）和调节器可调整火焰温度。如预热不足，会喷出液体酒精，形成“火雨”，所以打开调节器时要特别小心，如果酒精未汽化，应继续加热；喷灯用毕，关闭调节器，火即熄灭。挂式喷灯温度较高，使用时间较长，也比较安全。

（三）煤气灯

煤气灯灯焰温度可达 1773K° 以上，这种灯不仅可以获得高温，且使用方便。使用时，顺旋灯管至不能再旋为止，以关闭气门，旋开煤气龙头，在灯管上方 3 ~ 4cm 处点火。必须先开煤气后点火，若是先点火后放气，会有声响发生，煤气也易在灯管内燃烧，这样会使煤气出口烧坏或烧烫灯座。若有此种现象，应立即关闭煤气龙头，等冷却后旋闭空气进路，重新点燃。顺旋或逆旋灯座旁侧的螺旋（有的灯螺旋装在灯座下面）可调节煤气输出量的多少，以控制火焰的大小。逆旋灯管使空气由灯管下部各小孔内输入，至火焰层次分明呈蓝色时为止。空气门一般不能开太大，否则也会使火焰缩入灯管内。若火焰冲离灯管口，这是由于煤气和空气同时过多地进入灯管的缘故，应该立即调节使之恢复正常。

熄灭灯焰一定要关闭煤气龙头，切勿用调节螺旋代替它，也不能吹灭。吹灭灯焰，只是终止燃烧，煤气仍继续放出。煤气不仅有毒，而且跟空气混合达到一定比例后容易发生爆炸。所以，熄灭灯焰时一定要立即关闭煤气龙头，这样才能保障安全。

（四）电炉

电炉是最方便的热源设备，电炉的种类规格很多，实验室内通常使用开放式和封闭式两种电炉。封闭式外观看不到炉丝，使用较安全。使用电炉时，所有绝缘体部分都应完整无缺，以防漏电。电炉插头只能插在规定的插座上，如发生事故应先切断电源，用完后必须先切断电源再整理。

第四节　加热操作

能直接加热的器皿有试管、烧瓶、烧杯、蒸发皿等。给试管加热时，试管必须用试管夹夹住，试管夹应从管底往上套，夹在试管中上部，手握管夹长柄，拇指不要握在短柄上，试管内盛装液体的量不超过总体积。加热前擦干试管外壁，先均匀加热，再集中加热盛有液体的下部，并轻轻晃动试管。试管应与桌面约呈 45° 倾斜，严禁管口对着他人。加热固体时应将试管固定在铁架台上，管口略向下倾，如果确定反应不产生水，药品也无湿存水时，可让管口向上斜，加热时移动酒精灯，先均匀加热，再集中加热药品处，并按反应情况，逐渐由前向后移动灯焰。要用外焰给试管加热，严防灯芯触及试管壁。

一、给烧杯加热

给烧杯加热时，液体不得超过其容积的 2/3，防止沸腾时溅出杯外。加热前擦干烧杯外壁，放在三脚架或铁架台铁圈的石棉网（或铁丝网）上加热；若不垫石棉网（或铁丝网）直接加热，由于受热不均，容易使烧杯破裂。

二、给烧瓶加热

烧瓶用烧瓶夹夹住瓶颈并固定在铁架台上。为使仪器底部受热均匀，加热时必须垫以石棉网或铁丝网。当液体加热到量很少时，应停止加热。温度很高的仪器不要立即用水洗或放在冷湿的桌子上。

三、给蒸发皿或玻璃片加热

蒸发皿是圆底敞口瓷器，常用于蒸发和浓缩液体。使用时放在铁圈或泥三角上，可进行直接加热。盛放液体不要超过其容积的2/3。蒸发时应用玻璃棒不断搅拌，待蒸发到溶液近干时即应停止加热。利用余热继续蒸发，随即冷却结晶。如果蒸干后还继续加热，晶体会因温度过高而飞溅，甚至发生变质。移动热的蒸发皿可用预热过钳头的蒸发皿钳或坩埚钳，但钳夹不可触及药品。

有时为了证明液体中有固体溶质，可吸取一滴或几滴溶液于玻璃片上，用坩埚钳夹持，在酒精灯火焰上方七八厘米处加热，应注意不可让玻璃片触及火焰，以防炸裂。

四、给坩埚加热

加热时把坩埚放在泥三角上，用氧化焰灼烧，不要让还原焰接触坩埚底部，防止在坩埚底部结上黑炭，以致坩埚破裂。加热时先用小火烘烤坩埚，使坩埚受热均匀，然后加大火焰灼烧。如需要高温加热时，用坩埚盖压在火焰上部，使火焰反射到坩埚内，直接灼烧样品。夹取高温下的坩埚时，必须用干净的坩埚钳，先在火焰上预热一下钳的尖端，再夹取。坩埚钳应平放在桌上，尖端向上，保证坩埚钳尖端洁净。

五、水浴加热

为了保证被加热物质受热均匀或恒温，有时采用水浴、油浴、沙浴等间接加热方法。简单的水浴锅由金属制造，锅盖是一套由大到小的金属圈。使用时，锅内盛约容积2/3的水，取下几个金属圈，使被加热仪器正好坐上，锅下用灯加热。水浴加热的最高温度为373K°，如长时间加热，需补充热水。注意，被加热仪器不要触及锅底。自动控制的恒温水浴锅，使用起来更方便。简单的水浴锅也可以用烧杯代替。

六、油浴加热

温度可控制在373K° ~ 523K°。用于油浴的液体有甘油、液状石蜡、硫酸、矿物油或植物油等。它们的极限加热温度各不相同（液状石蜡

493K°，甘油 493K°，硫酸 523K°，矿物油 573K°）。使用油浴要严防着火，当油冒浓烟时即停止加热。一旦着火，要先撤去热源及周围的易燃物，然后用石棉板盖住油浴锅口，火即熄灭。

油浴中应当悬挂温度计，以便随时调节灯焰控制温度。但温度计不要与锅接触，否则测温不准。加热完毕，容器及温度计提离油浴液面，待附着在容器外壁和温度计上的油流完后，用纸或干布擦净。

七、沙浴加热

要求加热温度更高时，可采用沙浴，一般可加热到 623K°。沙不易传热，因此底部的沙层要薄一些，使之易于传热，但容器周围又要堆积得厚一些，使之易于保温，细沙要经炼烧去除有机杂质后再使用。若要测量温度，可把温度计插入沙中，但不要触及底盘。

第五节　称量操作与试剂的取用

一、称量方法的分类

（一）直接称量法

在称物品前，先测定天平零点，然后把物品放在左盘中，在右盘上加砝码，使其平衡点与零点重合，此时砝码所示的质量就等于称量物的质量。

（二）固定质量称量法

固定质量称量法是为了称取指定质量的试样，要求试样本身不吸水并在空气中性质稳定，如金属、矿石等。其步骤如下：先称容器（如表面皿）的质量，并记录平衡点。如指定称取 0.4 克时，在右边秤盘上放置 0.4 克砝码，在左边盘的容器中加入略少于 0.4 克的试样，然后轻轻振动牛角匙，使试样慢慢落入器皿中，直至平衡点与称量容器的平衡点刚好一致。

固定质量称量法的优点是称量计算简单，结果计算方便。因此，在工业生产分析中，广泛采用这种称量方法。

（三）递减称量法

递减称量法称出样品的质量不要求固定数值，只需在要求范围内即可。适于称取多份易吸水、易氧化或易与 CO_2 反应的物质。将此类物质盛在带盖的称量瓶中进行称量，因为既可防止吸潮和防尘，又便于称重操作。其步骤如下：在称量瓶中装适量试样（如果是经烘干的试样应放在干燥器中），用洁净的小纸条或塑料薄膜条，套在称量瓶上拿取，放在天平盘中，设其质量为 2 克。将称量瓶取出，并从右盘取出与要称得某一质量试样相等的砝码。在盛试样的容器上打开瓶盖，用称量瓶盖轻轻地敲击瓶的上部，使试样慢慢落入容器中，然后慢慢地将瓶竖起，用瓶盖敲瓶口上部，使粘在瓶上的试样落入瓶中，盖好盖子。再将称量瓶放回天平盘上称量，重复操作，直到倾出的试样质量达到要求为止。

二、试剂的取用

（一）固体药物的取用

（1）固体药品的取用规则：要用干净的药匙取用药品，用过的药匙必须洗净和擦干后才能使用，以免玷污试剂。取出药品后应立即盖紧瓶盖，并放回原处，以防盖错盖子，彼此引入杂质。称量或取用药品时，必须注意不要取得过多。多余药品，不能倒回原瓶，可放在指定的容器中，供他人使用。一般的固体药品可以放在干净的纸或表面皿上，具有腐蚀性、强氧化性或易潮解的固体药品不能放在纸上。称量时也应注意这一点。有毒药品需在教师指导下取用。

（2）往试管里装入固体粉末时，为避免药品沾在管口和管壁上，试管应倾斜，把盛有药品的药匙小心送入试管底部，然后使试管直立起来，让药品全部落在底部。或将试管水平放置，把固体粉末放在折叠成槽状的纸条上，然后送入试管管底，取出纸条，将试管直立起来。

（3）块状固体药品（如钾、钠、白磷、大理石、石灰石、锌粒等）需先用镊子取出，注意镊子使用完以后要立刻用干净的纸擦拭干净，以备下次使用。把块状的药品或密度较大的金属颗粒放入试管中时，应该先把试管横放，把药品或金属颗粒放入试管。

（二）液体药品的取用

从滴瓶中取用液体试剂时，滴管不能触及所使用的容器器壁，以免玷污。滴管放回原滴瓶时不要放错，不准用不洁净的滴管到试剂瓶中吸取药液，以免玷污试剂。

使用细口瓶中液体试剂时，先将瓶塞倒放在桌面上，防止弄脏。拿试剂瓶时应标签面向手心，以免洒失在瓶外的试剂腐蚀瓶签。倾倒试剂时，应使其沿着容器壁流入或沿着洁净的玻璃棒注入容器，取出所需量后，逐渐竖起瓶子，把瓶口剩余的一滴试剂碰到试管或烧杯中去，以免液滴顺着瓶子外壁流下。

（三）量筒和量杯的使用

它们的壁上都标有刻度，其容量按毫升计，小量筒刻度可精确到0.1毫升。因为量筒量杯上的刻度是在室温下核定的，所以热溶液必须待冷却至室温后再用量筒量取。量取液体时，应让量筒立于桌面上，待液体平稳后，观察液体的弯月面，使视线与弯月面的切线在一条水平线上，记下刻度读数。如果眼睛的位置偏高、偏低或量筒放置歪斜，所观察到的刻度会有较大的误差。

（四）滴管的使用

1. 吸取少量液体可用胶头滴管（简称滴管）

滴管又分两种，一种为滴瓶滴管（兼做瓶塞），另一种为直管滴管。用滴管将液体滴入试管时，应用左手垂直地拿持试管，右手持滴管胶头，滴管下端应离试管口 1 厘米左右，然后挤捏胶头，使液体滴入试管中。滴管用完后立即放回原瓶。使用过程中，严禁滴管横置或向上放置，以免液体流入胶头内，滴管往试管中加入液体时，可以垂直加入，也可以倾斜滴入。同一滴管，垂直滴入的液体略小于倾斜滴入的液体。计算滴液量通常按 20 滴为 1 毫升计算。

2. 移液管的使用

移液管也称吸量管，是一种中间粗、上下细的玻璃管，下端有尖嘴，上端有一圈刻度，管中所盛液体的液面（弯月面）底部与刻度痕相切时，放出液体的体积即为移液管所标的容积。一般一只移液管只能量一种容积。另一种无“大肚”的移液管，上面标有 5 毫升或 10 毫升等容积，有人也称此吸量管为刻度管。量取液体时，右手拇指食指和中指捏住移液管，将管的下端插入液面下 1 厘米处，吸取过程中移液管可随液面下降而下伸，用移液管管口或用洗耳球（移取有毒或腐蚀性液体时必须用洗耳球）轻轻吸取液体，同时眼睛注意移液管中液面的位置，至液面高于刻度时，停止吸液，并立即用右手食指按住管口，管尖随即离开液面，让管外液体自然流下，然后微微放开食指，或轻轻转动移液管，使管内液面下降，直至液面与刻度线相切为止。将移液管插入准备接收液体的容器中，让容器倾斜，移液管直立，尖嘴接触接收容器的器壁，松开食指，让液体顺器壁流下。待液体停止流出后，再停靠 15 秒，取出移液管。移液管尖端处尚留有一滴液体，无须把它吹出，因为在标定容量时已将该滴扣除。

（五）容量瓶使用

容量瓶，主要用于配制一定体积的、物质的量浓度的溶液，使用时应先检查塞子是否严密。溶质的溶解应在烧杯中进行，待溶液冷至室温，用玻璃棒引流所需容积的溶液至容量瓶中（不要洒到外面）。用蒸馏水洗涤烧杯和玻璃棒三次，洗涤液要全部转入容量瓶中。然后向容量瓶中加蒸馏水至近刻度线，再用滴管逐滴加至刻度。塞紧并用手按住瓶塞，另一只手扶住瓶底，将容量瓶倒置，反复操作多次，使溶液充分混匀。将容量瓶放置片刻，让瓶颈内壁上的溶液流下。即配得一定浓度和容积的溶液。

（六）滴定管的使用

滴定管主要用于容量分析，有时也用于精确量取液体。酸式滴定管端有磨口玻璃活塞，以控制液滴，碱式滴定管下端有一段橡皮管，管中堵一玻璃球（或一短玻璃柱），橡皮管下端接尖头玻璃管。使用时，拇指和食指向一边挤压玻璃球外面的橡皮管，使皮管与玻璃球之间形成一条缝隙，液体便滴下。常用的滴定管容积有 25 毫升和 50 毫升两种，刻度单位为毫升，读数时可估计至 0.01 毫升。另外还有棕色滴定管，用于盛见光易分解的液体。

滴定管使用前应先检查是否漏水，活塞转动是否灵活。若漏水，则需把活塞和活塞的内壁擦拭干净，然后涂一薄层凡士林，防止凡士林堵塞流液的孔道。插入并旋转活塞使凡士林涂布均匀。为防止活塞脱落，可用橡皮筋系住。

碱式滴定管漏水，可能是因胶管老化变硬或玻璃球太小造成的，应更换。滴定管使用时，应先用少量欲装入的溶液润湿管壁一两次，洗过的液体由管下放出，以防管内残留的水分稀释了标准溶液。再将溶液加至零刻度以上，把滴定管垂直夹在滴定台（或铁架台）的滴定管夹上，从下端放出溶液赶走管内气泡（碱式滴定管赶气泡时，应使胶管以下玻璃管略向上翘起），使之充满液体，同时使液面降至刻度“0”处或者“0”以下，记下读数，滴至终点时，稍停片刻，再记下读数，两次读数之差即为滴定所耗溶液的体积，每次滴定的起始读数最好一致，以免因滴定管刻度不均匀造成误差。调节滴定管的活塞应用左手，让滴定管从拇指和食指间通过，拇指在活塞柄的一边，食指和中指在另一边捏住并转动活塞，用无名指抵住下方，这样操作可防止顶出活塞。为使读数刻度清晰，可在滴定管后衬一白纸。如溶液颜色太深，也可在弯月面下衬一条黑纸后再观察。

滴定管用完后，要按规定洗净，倒夹在滴定台上晾干。如放置长久不用，可把一张小纸条夹进活塞与塞鞘之间，以防两者粘在一起。

第六节　分离操作

在化学反应中为得到某一组分时需要分离，根据混合物中各成分的状态（气、液、固）和性质（是否互溶）不同，可采用不同的方法进行分离，常用的方法有倾泻法、分液法、离心分离法、蒸馏法、结晶法、过滤法、分馏法、升华法、萃取法、洗气法、干燥法等，不包括通过化学反应使物质分离的方法。如两种固体物质颗粒大小相差悬殊，而同种物质颗粒大小较均匀，可选择适宜孔目的筛子，过筛分离。如两种固体物质一种可溶，另一种不溶，则可通过溶解，然后采用固液分离法，分离后，溶液浓缩结晶，收回固体。如两种固体均可溶，但溶解度不同，或温度对溶解度大小的影响不同，可根据情况，进行加热、溶解、蒸发、结晶、重结晶等过程，达到分离或提纯的目的。如两种固体物质熔点相差悬殊，可加热使低熔点物质熔化与高熔点物质形成两相，趁热进行分离，冷却后低熔点物质可再凝为固体。如两种固体中有一种易升华，可在烧杯中加热混合物，杯口放置一个充满冷水的蒸馏烧瓶，并使水流动以保持低温。混合物中易升华的成分受热变为蒸汽，蒸汽遇冷后凝为晶体附在容器壁上，待易升华成分全部升华后，停止加热和通入冷水，取下烧瓶把晶体刮下。

一、固液分离

（一）倾泻法

当沉淀的颗粒大，比重大，很容易沉降至容器底部时可用倾泻法分离，即把上部溶液倾倒至另一容器中，留下沉淀，然后在沉淀中加入少量洗涤液，充分搅拌，待沉淀沉降完全后，倾出洗涤液，如此重复两三遍，即可分离完全。

（二）过滤

这是固液分离最常用的方法，根据情况可采用常压过滤、减压过滤或加热过滤。

1. 常压过滤

常压过滤的主要仪器是三角漏斗，也叫普通漏斗（有长颈、短颈两种），漏斗口锥体为 60°，其规格按口径（厘米）标记。过滤时取一张方形滤纸，对折两次，把滤纸边缘剪成弧形，然后打开使呈圆锥形（一边三层一边一层），让锥尖向下放入漏斗，使滤纸上沿低于漏斗口。将三层滤纸处外层撕掉一小角，即制成过滤器。将过滤器放在漏斗架上，调整好高度，并使滤纸紧贴漏斗内壁，用蒸馏水润湿滤纸。漏斗管尖应紧贴烧杯内壁，使滤液能顺烧杯壁流下。用倾泻法将盛混合物的烧杯嘴靠在稍微倾斜的玻璃棒上，把混合液转移至过滤器，玻璃棒下端贴近（不触及）过滤器的三层滤纸上，让液体沿玻璃棒流入过滤器，至液面略低于滤纸边缘，待液面下降后再续加液体，最后将沉淀转移至过滤器（如过早将沉淀转移至过滤器，会堵住滤纸孔隙，使过滤速度变慢）。如果滤液仍浑浊，应把滤液再过滤一次。

若沉淀需洗涤，可沿玻璃棒向沉淀中注入蒸馏水或其他溶剂至盖住沉淀，滤液滤下后如有必要，再重复操作。为了增大液体与滤纸的接触面积，以加快过滤速度，可把滤纸折叠成“菊花形”进行过滤。

2. 减压过滤

为了加快过滤速度，可采用减压过滤（也称真空过滤、抽滤、吸滤），即减小过滤器下方吸滤瓶内的压强。在过滤器上下压强差的作用下，使过滤加速。减压过滤所用的漏斗是瓷质的平底细孔漏斗，也叫布氏漏斗，使用时用一张略小于漏斗底的圆形滤纸，盖住漏斗底的小孔，漏斗管上套有胶塞，塞在吸滤瓶上（漏斗管的斜面应对着吸滤瓶的支管）。吸滤瓶是一种带支管的锥形瓶，壁厚耐压。吸滤瓶的支管与抽气泵相连（实验室常用抽气泵，叫抽气唧筒或叫过滤水泵，有玻璃质和铜质两种），连接在自来水龙头上，拧开水龙头，即可抽气，向漏斗中加少量水，同时开启水龙头，使滤纸紧贴在漏斗底部，然后把混合物均匀倾倒在滤纸上，开始抽滤。调节水流快慢，以控制抽劲大小。水流应适中。若水流过大，则抽劲过大会使固体微粒钻进滤纸，堵住滤纸空隙，反而使过滤减速，当吸滤瓶里滤液面升至靠近支管时，立即停止吸滤，倒出滤液。停止吸滤时，应先卸下吸滤瓶和吸气之间的橡皮管，然后关闭水龙头，否则水可能倒灌入吸滤瓶内。为此，常在吸滤瓶和抽气泵间连接一个双口瓶（或大口瓶配双孔塞），既可缓冲气压，又可防止水倒流。洗涤沉淀时，可加入少量洗涤剂，使液面盖住沉淀，待溶液开始下滴时，开始抽气并尽量抽干，如此重复几次即可把沉淀洗净。如需要沉淀，可取下漏斗，左手握住漏斗管，漏斗口朝下，用右手击左手，同时转动漏斗，使沉淀同滤纸一起落在洁净的纸片或表面皿上，抽去滤纸即可。

3. 加热过滤

有些浓溶液在温度降低时就有溶质析出，而我们又不希望这些溶质在过滤时析出，因此有必要趁热过滤，而且在过滤时要保温，否则溶质颗粒析在滤纸上和漏瓶管内，过滤就难顺利进行。加热过滤应用热滤漏斗，也叫保温漏斗。这种漏斗用金属制成，具有夹层和侧管，夹层可以盛水八成满，而侧管可以用来加热。把常压过滤用的过滤器置于热漏斗中，当热漏斗里的水近沸时，把要过滤的热混合物倒入漏斗内进行过滤，如果过滤时间较长，漏斗内水会减少，应及时增加热水。

另外，热过滤选用的玻璃漏斗，漏斗管越短越好，以免过滤时溶液在漏斗管内停留过久，因析出晶体而发生堵塞。

（三）离心分离

如果要分离的混合物数量很少，而又要取其沉淀或溶液做性质实验，可用离心机在离心试管中分离。使用手摇离心机分离时，如只分离一支试管的内容物，就要另取一支同样的离心试管，装入等量水，分别放入离心机相对的两个套管中，以保持平衡。然后慢慢启动离心机，均匀加速一两分钟后，停止摇动，任其慢慢自动停止，取出试管，用滴管吸取或倾出上层清液，即可达到固液分离的目的。要注意，使用手摇离心机时，不能用猛力启动，也不可强制快停，以免损坏离心机或发生危险。使用电动离心机时，先打在慢挡上，待均匀转动后，根据需要可再打在快挡上。需要停止时，关闭电源让其慢慢自动停止，切不可强行使其停止转动。其他注意事项同上。

（四）沉淀的干燥

沉淀（或固体）的干燥是把含在沉淀中的微量水分除去，也属固液分离。常把盛沉淀的表面皿置于恒温干燥箱中烘干，也可把沉淀放在蒸发皿中，用微火烘干。注意控制好温度，以防沉淀在高温下变质。有些已干燥的固体药品，为长时间保持干燥，可放在干燥器中。

（五）蒸发

蒸发就是在加热的条件下，使溶液蒸去溶剂，以提高浓度或析出溶质的一种操作。蒸发常用仪器是蒸发皿，蒸发皿的规格以口径厘米表示。蒸发操作应注意：①加入蒸发皿的液体不应超过蒸发皿容器的2/3；蒸发皿可放在三脚架或铁架台的铁圈上直接加热；为防止加热后液体飞溅，应不断用玻璃棒搅拌。②接近蒸干前应停止加热。③最后利用余热把少量溶剂蒸发完；缓慢蒸发或恒温蒸发，可用水浴、油浴加热；取下未冷却的蒸发皿时应把它放在石棉网上，不要直接放在铁架台等较冷的地方，以防蒸发皿骤冷炸裂。

（六）结晶

物质从溶液里析出的过程叫结晶。加热溶液，由于溶剂蒸发而使其达到饱和，然后冷却下来，就有晶体析出。结晶操作应注意以下几点：①冷却速度快慢，直接影响晶体的大小，快速冷却结晶体小，缓慢冷却晶体就大。②饱和程度的大小，影响晶体的大小和形状，饱和程度大的溶液，结晶速度快，不但晶体小，而且形状不规则；饱和程度小的溶液，结晶速度慢，晶体大而规则。③过饱和溶液形成后不易产生结晶，可采用加入“晶种”或用玻璃棒摩擦器壁或摇动容器等方法来诱导结晶。④为提高纯度可进行重结晶。

二、液液分离

（一）分液

分液是把两种互不混溶的液体分开的操作。分液要使用分液漏斗，分液漏斗有球形、筒形、梨形等多种，其规格用容积毫升数表示。漏斗口配有磨口玻璃塞。塞上有小孔或凹槽，转动玻璃塞让小孔与漏斗口壁上的小孔重合时，漏斗内外相通，压强相同，液体才能由漏斗管流下。分离液体时，先关闭活塞，把混合液加入漏斗。待两种液体分层、界面清晰时，打开活塞，则比重大的液体沿漏斗管流下，至刚好界面降至活塞时，关闭活塞。从而达到两液分离的目的。

（二）蒸馏操作

蒸馏是根据各组分挥发性的不同以提纯物质和分离混合物的一种方法，在化学实验和化工生产中经常采用。实验室里常压蒸馏装置，由蒸馏烧瓶、温度计、冷凝管、接引管（接液管）、锥形瓶等组成。蒸馏操作应注意以下方面：蒸馏烧瓶内液体的量，不得超过烧瓶球体容量的 2/3，且不能少于烧瓶球体容量 1/3；温度计应插入瓶中央部分，其水银球上限与支管下限在同一水平线上；烧杯支管应伸出塞子 2 ~ 3cm，防止被蒸液体腐蚀塞子引入杂质；冷凝管由下端进水，上端出水，上端出水口向上使冷凝管内保持水满；接引管与冷凝管用塞子相连接，接引管下口伸入锥形瓶中，使其与大气相通；加热蒸馏烧瓶应垫石棉网，使之受热均匀；仪器的选择大小应合适，装配后应使仪器的轴线在同一平面内，以保持协调整齐，增加美感；加料时，应通过漏斗，漏斗管应插入蒸馏烧瓶的支管口以下；加热前应先检查气密性，通入冷却水后再开始加热；若没有温度要求时，加热温度不宜太高；蒸馏至液体少于烧瓶球体容量的 1/3 时应停止加热；蒸馏结束时应先停火，再停水。拆卸仪器应与装置仪器的顺序相反，先拆下接收器，再卸下冷凝管，最后取下蒸馏烧瓶。

（三）分馏

通过加热把几种能够互相混溶而沸点不同的液体分开的方法叫分馏。分馏是利用每一种液体在一定压力下有固定的沸点而设计的。通过塞子与烧瓶连接，分馏柱的侧管与冷凝器相接，分馏柱上口插温度计，温度计的水银球亦稍低于侧管口，分馏柱中分上下若干段，每段内都可进行蒸汽和液体的热量交换，使液体中低沸点物质气化，蒸汽中的高沸点物质液化。所以，由烧瓶中上升的蒸汽，每上升一段即进行一次蒸馏，经过多次蒸馏，最后进入冷凝器的是纯的低沸点组分，当低沸点组分蒸馏完后，温度计指示沸点上升，则又可馏出较高沸点的组分。以此类推，最后留在瓶内的液体是较纯的最高沸点组分。

（四）萃取

利用不同物质在选定溶剂中溶解度的不同，以分离混合物的方法叫作萃取。用溶剂分离液体混合物叫液液萃取或溶剂萃取。通常萃取指液液萃取。例如，欲从溴水中萃取溴，可选汽油作溶剂（萃取剂），因溴易溶于汽油，而水又难溶于汽油。操作时，把分液漏斗活塞关闭，将溴水加进分液漏斗，再加入少量汽油，把漏斗上口的玻璃塞塞紧，左手握住活塞，右手压紧玻璃塞，倒转过来用力上下摇动几次，将分液漏斗放正，稍停，打开活塞，放出因摇动而产生的气体，最后由于汽油溴水充水接触，几乎溶于汽油。静止，待两种液体有明显界面时，分液除去下层的水，将上层溴的汽油溶液从分液漏斗口倒出。让溶液中的汽油挥发掉（应回收），就得到溴。

三、气液分离

气液混合物是以液体为溶剂，气体为溶质的溶液，只要设法减小气体的溶解度，使其放出，即达到分离目的。减小气体物质溶解度的方法有：升高温度，使气体放出，此操作类似于蒸馏，只不过逸出的气体不需要冷凝收集。减小压强，使溶解的气体因外界压强减小而逸出。如果有的溶剂沸点也较低，或混合物易燃，则可进行低温减压蒸馏。

四、气气分离

气气分离，在实验室中通常是指对气体进行净化和干燥。净化气体的仪器是洗气瓶。洗气瓶中根据要净化的气体和洗去的气体的性质，选择适当的洗涤液（洗涤液应不与要净化的气体反应，但能除去杂质气体），装入的洗涤液要适量。要注意进出气管不要接反。如果气体里含有多种杂质，可在气体通路中连接若干洗气瓶，分别装有不同洗涤剂，气体通过后，逐一除去各种杂质气体。

气体的干燥实际也是净化，其杂质是水分，因此也可以用洗气瓶，用浓硫酸做干燥剂。另外，常用干燥塔和干燥管来干燥气体。干燥塔下端底座一侧有气体入口，底座上部有细颈。细颈上部供堆放大小适当的颗粒干燥剂，塔上部有气体出口。为了防止气体中有固体杂质混进干燥剂中，以及把干燥剂的细粒带进干燥后的气体中，在气体进出口处可塞一团脱脂棉或玻璃棉，以过滤掉固体尘粒。干燥剂的选择要注意，必须不与被干燥的气体发生反应。常用的固体干燥剂为碱石灰、无水氯化钙等。干燥管的单球或双球中盛放固体干燥剂，它的特点是使用方便。

五、温度计、比重计、干燥器

（一）温度计

温度计可用来测定物体温度高低，在中学化学实验中一般用两种：一是水银温度计，二是酒精温度计。用右手的拇指、食指和中指夹住温度计的顶端，把它插在液体里，勿使温度计的球部全部浸没在液体里，且勿与器壁接触。待温度不再变动时，读出读数。

测量加热液体温度，应把温度计用单孔塞固定在铁架台上，或悬挂在液体中，水银球应浸入液体，但要离开容器底部约 1 厘米。蒸馏时温度计应放置在烧瓶支管口处。

（二）比重计

比重计是用来测定液体的密度（比重）的仪器，也叫波美比重计，一般分两类：一是用于测量密度大于 1 的液体称为重表，二是用于测量密度小于

1 的液体称为轻表。比重计上有两套对应的刻度，一套表示比重，另一套表示波美浓度（表示溶液浓度的一种方式，用° Bé 作符号）。例如，在 15° Bé 时，比重 M4 的浓硫酸的波美浓度是 66° Bé。溶液的波美浓度与百分浓度间常有一定关系，测得波美浓度后，就可以从表册中查得相应的百分浓度。测定密度时，在量筒等容器中注入待测液体，将干燥的比重计慢慢地放入液体中，以防打破比重计；比重计不能与筒壁接触。待稳定后读数。液体下面所显示的度数，即为液体比重。测量完毕后，用水将比重计冲洗干净，并用布擦干，放回比重计盒内。

（三）干燥器

干燥器是保持物品干燥的仪器。容器上沿磨口与盖子磨口上涂有凡士林，容器的底部供放氯化钙或硅胶等干燥剂，中部有一个带孔的圆形瓷板，盛放被干燥物的容器。

使用时应注意以下几点：搬动时，必须用两手的大拇指将盖子按住，以防滑落打碎；打开时，不应把盖子往上提，而应把盖子沿水平方向推动。盖子应翻过来放在桌子上，放入或取出物品后，必须将盖子立即盖好，盖时也应沿水平方向推移，使盖子与容器口密合；温度高的物体，必须待冷却至室温后，方可放入，否则，由于干燥器内气体膨胀，有可能将盖子冲起或冷却后又因器内形成负压使盖子难以打开；干燥剂用一段时间后，应加热脱水后，再继续使用。

第四章　食品检测数据处理与实验室管理

第一节　食品检测数据审核

对于食品加工行业来说，食品检测是保障食品安全性的重中之重，为进一步提升食品检测的合理性与科学性，需要对检测数据进行审核。基于笔者对食品检测数据审核内容的了解与分析，本节在此基础上提出了加强食品检测数据审核的措施，从而让食品检测过程的科学性得到充分提升，达到提升食品质量的目的。

当前已经应用了多种科学有效的手段进行食品检测，但与之配套的数据审核措施发展较为缓慢，所以在当前和今后的食品检测过程中，各食品检测机构需要加强对该体系的建设，通过数据审核体系提升对食品建设数据的保管效率和效果，推动食品行业更好更快发展。

一、食品检测数据审核内容

食品检测涉及多种项目，数据审核过程中除了对实验室得到的数据进行分析和审核，工作内容还包括以下几个方面。①对检测数据进行存档。在食品检测机构中，为了能够通过食品检测发现食品加工行业中存在的问题，会以档案的方式对食品检测数据进行存储，数据审核过程中将对存储数据的完整性进行抽查，提升数据管理的有效性。②检测数据抽查。在一些食品检测机构中，将由专业人员对食品的检测数据进行技术性抽查，在保证检测数据精确性的基础上，也对食品检测机构进行了一定程度的监督和管理，防止各类舞弊现象的发生。③检测数据对比。不同的食品，通常情况下在检测过程、安全等级方面都有较大区别，对于安全等级要求较高的食品，检测机构会让不同的检测小组对食品进行检测，而数据审核过程中，将对不同检测工作得到的数据进行研究与分析，找出检测工作中存在的疏漏，并更好地确定食品质量。

二、加强食品检测数据审核的措施

（一）提升食品检测的科学性

虽然数据审核能够在一定程度上提升食品检测的合理性与科学性，但是这种方式对食品检测过程的监管效果一般，提升食品检测质量的核心方法依旧为通过新型技术的应用提升食品检测的科学性。以高效液相色谱法在食品检测中的应用为例，这种方式几乎能够同时对各类可检测的物质进行精确检测，在很大程度上提升了食品的检测效率，同时提高了食品检测的准确性。而在该过程中，食品检测的数据审核部门除了要对各项得到的检测数据进行审核，还需要能够深入参与到食品检测过程中，以更好地对食品检测过程进行监督，从而对食品检测部门的工作人员实行有效监管，保证各项数据的合理性。

（二）完善数据审核相关规章制度

数据审核工作包括很多内容，对于食品检测过程来说，不但涉及各项检测数据的研究与调查，还包括数据录入和管理过程。所以在数据审核规章制度的建设过程中，规章制度中应包括以下三个方面。①工作人员行为限制。对工作人员的行为进行限制能够提升数据审核的有效性，并且让工作人员自主提升从业素质，所以规章制度中需要包括相应的行为限制和指导条款，让工作人员能够在规章制度指导下进行工作。②工作流程指导。食品检测行业的数据审核过程，与其他行业存在一定区别，在规章制度建设过程中，要通过工作流程制度建设的方式对数据审核工作人员的各项工作内容、工作流程进行指导，最终提升数据审核的科学性。③辅助制度的建设。为了让工作人员自发提升从业素质，规章制度中还需要包括奖惩措施等方面的辅助制度，让工作人员能够根据这类辅助制度对自身进行有效指导，达到提升数据审核效率和精确性的目的。

（三）加强对数据审核过程的监管

在食品检测的数据审核过程中，工作人员的道德素养和专业素养等都会对数据审核的精确性产生重大影响，故而在食品检测机构运行过程中，机构需要建设对数据审核人员的监管制度，实现对工作人员的有效监管，提升数据审核的有效性与科学性。监管小组需要具备较高权限，让其深入数据审核工作的各个流程中，最终让监管小组充分发挥对数据审核过程的监督作用。另外，在监督小组工作过程中，还需要对数据审核人员的从业素质进行深入调查，让食品检测机构能够对工作人员的从业素质有清醒认识。

（四）提升从业人员的专业素质

通过规章制度对从业人员的行为进行约束与指导，最终可让数据审核人员自发提升专业素质。此外，检测机构还需要通过以下措施达成目的。①招聘环节强化审查。在机构招聘过程中，不但要对应聘者的数据审核能力进行研究，还需要对应聘者的知识学习能力等方面进行分析，从根本上保证工作人员的素质。②在工作过程中对工作人员进行培训。对于食品检测数据审核来说，需要从业人员对食品检测过程有一定了解，所以机构需要向工作人员提供培训，让其能够将两部分知识进行深入融合。

食品检测数据审核涵盖内容更多，所以工作过程中，需要让审核人员能够深入食品检测过程中，提升数据审核的科学性。另外，要提升数据审核的准确性，还可通过建设规章制度、加强数据审核过程监管和提升工作人员从业素质达成目的，促进食品检测行业更好更快发展。

第二节　食品检测数据准确性

本节指出了食品安全问题是关乎广大群众身体健康和生命安全的大事。近年来，各种食品安全事故频繁发生，引发了人们对食品安全的关注，并对食品质量安全提出了越来越高的要求。为保证食品安全，应当加强食品检验，不断提高食品检测数据的准确性，进而保障检验结果正确无误。本节从制定统一的食品检验标准出发，就如何提高食品检测数据准确性进行了深入探讨，以期能够确保食品的质量和安全。

一、制定统一的食品检验标准

为能够有效提高食品检验数据准确性，必须制定先进统一的食品质量检验标准，这样才能确保食品检测过程、结果和报告严密而统一，防止检测机构出具的检测结果存在明显的差异化问题。为此，在食品检验标准制定过程中，应当吸收和借鉴发达国家的质量标准和经验做法，充分考虑国内实际，制定与中国特色相符的质量标准。所制定的食品检验质量标准，必须囊括食品大类，将所有食品均细分至各食品大类。同时，对于有害物质，也应进行合理细分，比如说，可分为食品添加剂、工业添加剂、病虫害以及农药残留等。在此基础上，还应按照食品分类制定出统一的检验标准，并确保所有食品检验检测机构予以落实。

二、加强抽取样品控制

在进行抽样前，第一，制定合理的抽样工作方案，按照随机性原则进行抽样，保证所抽取样品的代表性。第二，保证样品在检验之前完好无损，既没有遭到污染，也没有发生变质现象。第三，确保抽样工具和样品盛装容器洁净，禁止使用有毒和有害物质，防止样品被带入其他杂质，如果是微生物检验，还应在检验前对相关工具或容器进行灭菌处理。第四，加强人员控制，在样品检验检测过程中，抽样人员不得参与其中，必须做到抽检分离。

三、选择恰当的检验方法

食品的检验方法主要有三种，分别为感官检验、微生物检验以及理化检验。实验室工作主要是根据相关产品和方法标准进行的，也有一些相关法律法规，都是实验室检验检测工作的重要资源。一方面，食品检验应以国家、行业以及地方等标准为主要依据，提高检验检测工作的规范性，保障检测数据的准确性。另一方面，及时更新相关标准，依照新标准和新方法开展检测工作，部分检测方法以及标准存在多种方法，此时应当综合考虑实验环境、软硬件设施配置、人员技术条件等选择恰当的实验方法进行检测。但是很多检验方法和参照标准并没有及时得到有效更新，即便按照标准要求进行检测，也难以使检验结果满意，对于实验室来说，可以结合自身实际进行检验检测方法研发，这就需要对所用仪器设备、人员技术以及实验室环境加以确认，也可以针对所采用的方法进行适当比对与验证，以提高检验检测效果。

四、规范药品试剂与标准物质的管理

食品检验的准确性往往会受药品试剂的影响，如果药品试剂出现问题，就会导致整个检测工作全部无效，倘若其中含有剧毒物质，加上使用和管理不善，所造成的后果将是极其严重的。因此，必须规范药品试剂管理，根据药品或试剂的特性以及保质期长短选择恰当的保存方式。实验室工作人员也应定期检查，及时更换过期或变质的药品试剂。如果药品试剂有保存温度的要求，还应将其放置于有冷藏功能的柜子里。

标准物质的管理同样至关重要，主要用来校准设备、对测量方法以及给材赋值的材料和物质进行评价。对于采购的标准物质，实验室必须进行验收把关，其一，保证采购的制造商资质达到要求；其二，检查标准物质包装是否存在破损情况，有无异常；其三，对产品证书标注的生产日期、保质期等信息进行仔细查来看，看是否满足要求；其四，如若实验室条件允许，可对标准物质加以测量，看检测数据是否与给定值一致。

标准物质的管理必须由专人负责，并设置专门的标准物质存放区域，建立标准物质入库、领用和退还台账，如有特殊贮存要求，则应采取特殊措施。此外，应当建立期间核查程序，应先制订期间核查计划，严格按照标准物质特性及用途开展期间核查工作，对于存在变色、破损或变质的标准物质，应当予以妥善处理。

五、强化仪器设备管理

仪器设备性能与状态的好坏不仅能够体现出实验室管理及工作人员素质水平，也是开展检验检测工作的重要条件。为了确保检测效果，实验室应当引进先进的检测仪器或相关设备，安排专人负责管理，并建立授权使用人管理制度，做好仪器设备的维护与保养工作，标出每台仪器或设备的适应状态，比如说准用、停用或可使用部分功能，在取得检测值后，还应按照检定或校准结果的修正值加以修正。对新购进安装的设备，应当在检定合格后才能正式投入使用，建立相应的设备档案，贴上标签后才能使用。另外，应加强仪器设备的期间核查，如实及时，如若发现存在较大偏移，应及时报修或送检。

六、提高检验检测人员素质水平

检验人员素质水平对食品检验检测数据准确性具有重要影响，其业务知识以及技能水平的高低都会影响检验数据的准确性，如果检验人员素质不过关，很容易导致检验结果出现巨大的人为偏差。作为一名合格的检验人员，除了要有扎实的业务素质外，还应对每个环节操作要点胸有成竹，在检验检测工作过程中，按照质量手册、作业指导书以及操作规程进行，杜绝经验和形式主义。检验人员不仅要掌握检验知识，还应对仪器设备使用比较熟悉，对自己接手的项目，必须认真负责到底。

实验室方面定期组织检验检测人员参加培训，掌握食品检测最新的知识前沿，提高检验人员的业务技能水平。同时，检验人员也应加强自学，充分利用闲暇时间学习和了解新的技术，使自己的业务水平迈上新台阶，对工作时间和工作布局进行合理安排。另外，还应加强检验人员政治理论与法律法规的学习，提高检验人员的职业道德素质，避免出具虚假的数据和报告。

七、注意检验检测环境条件把控

实验室标准温度在20℃左右，对于一般实验室，则应控制在20℃～25℃的范围内，同时实验室湿度应当保持在50%～70%，并采取防震、防尘和防腐蚀等防护举措。室内采光也应控制好，必须对检验工作有利，对于部分产品，还需要设立特殊实验室，如酒类或茶类感官品评等。要保持实验室整齐洁净，每日工作完成，应当及时清理干净，仪器设备使用完毕应当摆放整齐，并覆盖防尘布，电器设备使用后应及时切断电源。

此外，应当采取各项措施控制好环境的温湿度，并加强环境温湿度的监控与记录，一旦超过允许范围，应当采取有效调节措施，比如说打开空调调节实验室温度，打开除湿机加强湿度控制。另外，严禁在实验室内吸烟，未得到允许，非实验室人员禁止进入实验室。

八、做好检验数据的记录和处理

在读取和记录检验数据的有效数字时，应当确保所读取的数字有实际意义，并对最后一位数字进行准确估计。例如，在读取滴定管测定数据时，获得数据 17.82mL，末位的数字“2”是估读的，数据位数应当根据仪器精度确定，数据位数也不能随意增加或减小，根本无法反映实际情况。再如，分析天平的数据应当记录到小数点后 4 位。倘若读数不足，可用“0”补齐。在对数据进行处理时，必须严格按照相关要求对多余数字进行修约处理，具体应当遵循规定的“进舍规则”。

为了有效提高数字处理效率，在进行加减运算时，应以数据位数最少的数据为基准，其他各数舍入要比该数多一位；在乘除运算时，各数据还是以数据位数最少的为标准，各数舍入应至少比标准数据多一个数字，小数点位置无须考虑。在数据运算过程中，应避免连续修约，要保证数据经修约后全部参与到运算过程中，这样才能保证数据最终结果和标准值一致。

随着人们对食品安全重视度的不断提升，食品监管力度也一直在明显增强。这种情况下，人们对食品检验检测工作的要求更高更严了，这就需要加强食品检验，确保食品检验检测数据的准确性，以此来保障食品质量和安全。具体来说，应当制定先进统一的食品检验标准、加强样品控制、规范药品试剂以及标准物质的管理，选择恰当的食品检验方法，不断促进食品检验从业人员素质水平的提升，注意实验室环境条件控制，并做好检验数据的记录与处理工作，进而推动食品检验检测事业继续稳步向前发展。

第三节 食品检测实验室存在的问题

众所周知，“民以食为天，食以安为先”，食品安全是关系民生的重要问题。在现在的社会，食品安全已然成为热点话题，人们在追求高质量生活水平的同时，对食品的安全越来越重视，对入口食物要求也越来越高。作为食品检测的重要场所的实验室，它的正常运行直接影响到了我国人民的身体健康和食品制造业的发展，对于我国的经济发展和人们是否幸福，起着关键性的作用。实验室的规范离不开具体的规章制度，但在现实中还存在一些本可以避免的问题，如实验人员的培养和规范的问题、仪器保养和定期检查的问题等，接下来将对其进行详细介绍。

一、检测人员技术水平有待提高

检测工作人员是实验室操作的重要因素之一，工作人员的检测操作以及方法应用直接决定了待测样品的结果和精确度。所以对于实验室检测人员的规范和指导尤为重要，实验室检测人员应该熟悉与我国食品安全相关的法律法规，对实验室操作规范了然于心，理解检测的原理和方法，能够熟练并标准地操作实验仪器并对其进行清洗和检修工作，对检测结果以及实验数据能够进行正确的处理。现在对实验室检测人员的不足之处进行以下两个方面的阐述。

（一）检测人员实践操作能力不够

现有的实验室管理人员在进行招聘时，为了提高整个团队的专业素质水平，更加倾向选择高学历人才，这种做法不仅加大了公司更多的资金投入，短时间内也无法保证实验操作结果的准确性。新入职的员工虽然具有高学历以及丰富的理论知识，但对于具体的检测操作缺乏实战经验，他们在工作前期需要一定的时间，来重新学习仪器的操作原理和操作方法。而对于意外的发生，新入职的员工缺乏足够的经验和随机应变的能力。还有一些实验室对于原在岗的工作人员没有进行定期的培训，使得一些具有丰富经验的员工没有及时学习新的实验操作知识和了解新的法律法规，无法适应新形势下的实验室操作。

检测实验室的管理人员在对工作人员进行培训时，不仅要注意引进高学历高技术人才，也要注意对在岗工作人员进行培养和培训，保证整个实验室的专业水平，以此来保证整个实验结果的可靠性和精确度。

（二）检测人员对检测原理不够清楚

很多工作人员在新入职的时候只学到了如何使用仪器和如何进行实验操作，却对实验操作原理没有进行深入的了解和学习。反应原理和操作步骤的学习是实验室操作的重要前提，只有对原理进行了充分的了解，才能够最大限度保证实验结果的正确性，并且减少因为错误带来的损失。现在的检测人员理论知识欠缺，会带来很多的负面影响。首先在进行数据分析的时候只会套用公式，不懂得具体的原理方法；其次在出现异常的实验现象时，不知道出现的原因和解决方法，不懂得如何进行调整；甚至在实验仪器发生故障的时候，也没有足够的理论知识去进行及时维修。

实验室管理人员在对新员工进行入职培训的时候，要注意实验原理的讲述，使员工清楚明白实验现象产生的原因，以及操作步骤的合理性，能够找到异样现象发生的原因，并且可以进行妥善的处理。

二、操作环境的管理和维持

操作环境对实验结果的影响很大，比如实验室的温度、操作条件所要求的压力、实验仪器的规范使用等。这些因素的改变都会直接影响所测得的实验结果。接下来的内容主要从实验仪器和操作规范两方面进行简单的阐述。

（一）实验设备的维护和检修

要想保证实验结果的正确性，除了检测人员的正确操作，还有一个重要因素就是保证实验设备的精密度。实验室中，为了保证实验结果的精准，实验室用的仪器很多都是灵敏度很高的仪器，这些仪器在使用的时候就需要格外注意，要小心谨慎地操作使用，避免玷污和损坏。尤其是一些光学仪器，在实验仪器使用完毕后，要放到特定的环境进行存放。除了仪器的小心使用和存放，还要对仪器进行定期的检修和维护，以此来提高仪器的使用寿命，保证仪器的精密度，进而保证实验结果的正确性和精确度，提高检测结果的可靠性。

（二）提高实验操作的规范性

实验操作是人为的实践活动，结果一定会存在一定的误差，而保证操作的规范性应尽可能地减少实验的系统误差。系统误差包括仪器误差、理论误差、操作误差以及试剂误差。操作误差有很多产生原因，比如，在使用量筒量取液体体积的时候，要注意视线与液体的凹平面持水平状态，避免偏高或偏低。在选取样品的时候要遵守普遍性和代表性的原则，选取可靠的样品是进行实验的前提。只有在实验操作过程中每一个步骤都严谨规范，才能看到该有的实验现象，获得正确的实验数据，保证实验结果的正确性。

食品检测实验室是食品安全的“最后一道防火线”，只有保证检测结果的准确性才能进一步地保证食品的安全。食品安全跟人们的身体健康密不可分，是人们获得幸福感的重要来源，对我国的食品安全也起着十分重要的作用。因此，保证食品检测实验室的操作规范，提高检测质量，是目前工作的重中之重。

第四节　食品检测实验室风险管理

如今，国家和社会群众对食品的质量与卫生安全问题越来越重视、越来越关注。食品检测实验室，必须严格落实自身的职责，保障好群众的饮食安全。为此，管理人员应当切实做好食品检测实验室的风险管理工作，防止食品检测过程当中出现任何的风险因素，保证食品检测结果的准确性。本节基于笔者自身的实际工作经验与学习认识，主要就食品检测实验室的风险管理提出了部分探讨性建议，以期能为相关工作提供参考。

食品检测实验室的主要任务是检测食品的质量与卫生，营造健康的社会饮食环境，保障群众的饮食安全。但是，在食品检测过程当中，可能会出现各种风险因素，影响到食品检测结果的准确性，这样的情况显然人们是不能够接受的，因此必须切实做好食品检测实验室的风险管理工作。

一、样品抽取与保存的风险管理

样品抽取与保存是食品检测实验室检测工作靠前的环节，其对于检测结果的准确性具有很大影响。如果发生风险，便会直接导致后期的检测工作无效。为了做好样品抽取与保存的风险管理工作，检测人员首先要确保样品的抽取具有代表性、普遍性，不能在特殊的环境条件下取样，对样品的清洁也要保证采用合理的方法，不能破坏样品本身的性质，保证其原有的物理化学性质和微生物等特性，防止对其造成污染，给检测带来风险。取样完成之后，如果不需要立即进行其他工作，便需要科学地保存样品，不能因为环境因素导致样品变质。对样品制备来说，样品应维持均匀。部分食品检测需要对样品对应的物理形态加以改变，如固体样品于检测之前需要粉碎并混合均匀；而液体样品则需要搅拌充分。同时，对于相同食物，若其检验项目不同也应选取相匹配的检测方式，从而确保检验结果符合食品实际。

二、检测仪器运维的风险管理

如今的食品检测实验室检测工作在很大程度上都依赖各类的检测仪器，它们的功能越来越强、运行效率越来越高，同时结构也越来越精密，管理人员必须对其做好运维方面的风险管理，才能使其有效投入食品检测中，保证食品检测结果的准确性。例如，要针对各类不同的仪器，制定相应的维护周期，对于使用频率较高的仪器，维护周期要稍短，使用频率较低的仪器，则可以适当地延长维护周期。维护过程当中的各项规范也必须明确，日常性地维护，可以由实验室工作人员自行负责，涉及仪器内部结构的维护，则需要由专门的工作人员负责，保证维护的专业性，这样才能保证仪器的正常、高效、稳定运行，确保检测结果的准确性。此外，管理人员还需要对仪器的使用进行管理，要求所有的工作人员严格按照规程操作仪器，引进新仪器时，需要对仪器的操作人员进行专门的培训。并且还应当根据工作人员的各自责任范围，详细划分仪器的使用权限和责任范围，坚持“谁使用谁负责”原则。

三、检验药剂与耗材的风险管理

在实际的食品检测实验室检测工作当中，检验药剂与耗材对于检测结果的准确性同样具有很大影响，对此人们也需要做好风险管理方面的工作，强化对检验药剂与耗材的控制。具体来说，从检验药剂与耗材的采购环节开始，就应当制定严格的规定，对其质量进行把控，优选供应商，不仅要考虑成本问题，更要考虑供应商的信誉问题和产品质量问题，把握好二者之间的平衡。另外，还需要对新采购的检验药剂与耗材进行抽查，保证其能够真正符合食品检测工作需求，并做好对检验药剂与耗材的保管工作，防止其变质、损坏。

四、人员的风险管理

人员是影响食品检测实验室检测结果准确性的最大因素，所以对人员做好风险管理工作算是最为重要的。例如，应制定科学的人员管理制度，对检验人员相应操作实施严格规范以及监管，确保检验各项环节均契合检验需要。并以人员相应检验水准为导向实现针对强化，对在岗人员实施有效的培训，以新形势为导向有针对性地编制培训内容。其中应涵盖新设备对应的使用规范、检验流程的具体要求以及实验室相应制度规范等方面。并且，还要从实际的检验操作流程出发，制定、编写对应的操作指导与规范，突出不同检测项目操作的针对性。再者，在实际的食品检测过程当中，由于部分项目含有一定的微生物检测指标与内容，所以管理人员必须从更加科学、严谨、细致的角度出发，控制、防范好影响微生物检测的各类风险因素，全力保证检测结果的准确性。

为了落实责任、发挥作用，营造健康的社会饮食环境，保障群众的饮食安全，管理人员必须重视并切实做好食品检测实验室的风险管理工作，保证检测结果的准确性，从而为食品监管提供科学、有力的依据。

第五节　食品检测实验室质量控制管理

当前人们对生活质量有着很高的追求，其中食品安全作为直接影响人们生活质量的要素，开始得到人们的普遍关注，相应的食品检验也被高度重视。食品检测实验室是进行食品检验的场所，实验室质量控制管理效果会直接影响食品检验成效，进而直接影响饮食安全。由此可见，只有做好食品检测实验室的质量控制管理，才能够更好地保障饮食安全，才能够在我国食品安全工作上获得良好的成绩，维护人们的生命健康以及生活质量。本节将重点就食品检测实验室质量控制管理措施进行探讨。

食品检测是维护食品安全的工作根本，要求获得的检测数据应安全可靠和精准，这样才能够得到准确的检验结论，让人们可以吃到安全放心的食品。食品检测实验室是食品检测工作的主阵地，其检测质量和实验室的质量控制管理效果会直接影响到检验成效。这就要求食品检验实验室在实际运转过程中提升业务质量，同时树立先进科学的质量控制与管理理念，完善质量控制和管理方法，尽可能降低检测误差，提高检测结果的有效性，为我国食品安全的全面进步提供支持。

一、食品检测实验室质量控制管理的必要性

食品安全问题是影响广大人民群众生命健康的一项大事，但目前食品安全问题频发的情况让人们对食品安全的担忧逐步增多，对食品安全监管部门

的质疑在不断增大。“三鹿”三聚氰胺毒奶粉等事件给人们敲响了警钟，也让人们对食品安全的重视程度大大增强。并且随着国家经济发展水平的提升，人们对饮食要求逐步增多，尤其是关注吃得安全和健康。为了最大程度地满足人们对食品的要求，为我国食品安全事业的稳定发展作出贡献，必须加强对食品检测实验室的建设，同时在实验室的运转过程当中要做好质量控制管理，让食品行业可以步入稳定持续发展的新阶段，也让人民群众的生命健康得到有效保障。

二、食品检验实验室质量控制管理的方法

（一）构建仪器维护校准制度，优化布局安排

食品检验实验室的质量控制管理重点首先需要放在大型检测仪器上面，这些仪器能否在检验工作当中稳定安全地运转，能否具备极高的精准度，将会直接影响检验效果。为了保证各项检验的有效运转，实验室要根据食品检验工作的实际要求构建完善的仪器维护校准制度，并对该制度进行全面贯彻落实。针对各项实验室的检验仪器，必须配备专门人员对其进行定期维护和校准，记录维护校准的各项信息资料，并对这些资料进行保存和有效保管，以便为接下来的仪器使用和日后维护管理提供根据。通过对维护校准制度的落实，能够有效保障各项检验检测仪器在适宜环境条件之下完成检验工作，进而提升仪器的使用寿命。与此同时，还能够保证检验结果的准确度，维护检测质量。除此之外，还要对实验室的整体布局进行优化，这样做的目的是保证仪器在日常管理和工作运转当中的稳定性，消除其他因素的干扰。先要对实验室的通风换气、电路装置等条件进行客观分析，在此基础之上恰当放置各项实验仪器。实验仪器在日常保管当中较为脆弱，温度、湿度等环境变化都会影响仪器的使用，从而影响检测效果。因此要考虑到实验室的条件，了解不同实验仪器的环境要求，避开不利因素，维护实验仪器的正常使用。

（二）完善质量监督管理体系，保证检验结果

食品检测实验室的质量控制管理是一项关系食品安全的大事，而要保证质量控制和管理工作能够真正落到实处，尤为关键的是要建立一个系统性的质量监督管理体系。具体要做好以下三个方面的工作。第一，结合食品检测

实验室质量监管工作的要求，设置专门的质量部门，并配备专门的工作人员，确保各项质量管理工作能够拥有完善的组织机构作为保障。这样各项质量管理事项都有专人负责，可以显著提高质量管理的效率和成效。第二，树立正确的管理理念，明确对质量监督管理工作的正确认识。食品检测实验室要想从根本上维护质量，做好内部的质量监督是关键，而且通过完善的质量监督，能够及时有效地发现日常工作当中出现的突出问题，进而有效消除质量检验当中存在的隐患，以免得到不合格或不准确报告。在管理理念方面，尤其是要树立全过程的质量管理理念，也就是要做到事前预防、事中检验和事后监控。第三，在正确质量监管理念的支持下，制订完善的质量监督工作计划，并根据实验室各项检验工作的实践要求进行规划、调整，最终构建一个科学合理的质量监管体系，保证各项质量管控工作的规范化进行。

（三）建设实验室设施与环境，加强设备管理

食品检验实验室应该拥有十分严密的机构，配备完善化的实验设施，同时还要保证各项环境条件符合检验要求，这样才能够维护仪器设备的运转。第一，制定严格的食品检验规范，根据食品检验活动展开的要求配备相应的仪器设备和各项实验装置。实验室当中的基础设施和整体环境设置必须满足以下要求。其一，保证设施与环境可以和检验方法相适应；其二，保证设施与环境能够维护各项设备仪器的运转使用；其三，有效规避交叉污染因素，保证设施和环境设置能够让检验人员的健康不受伤害。具体可以将存在相互影响的相邻区域进行隔离管理。在采集各项仪器设备前，需要制订完善的采购计划，评估供应商的资质，并对各项仪器设备进行质量检验，检验全部合格之后，才能够在实验室当中使用。第二，做好各项仪器设备的管理工作，保证其有效运转。实验室要配备专门人员，负责对这些仪器设备进行日常管理和特殊管理，但每次使用完仪器设备之后需要对其进行全面清洁，也要定期对这些仪器设备进行保养维护，及时发现设备运转当中存在的问题，以便对其进行有效修理，维护设备的使用功能。对于修理和维护保养的各项信息需要记录在册，并做好各项记录资料的保管，为今后工作的开展提供依据。

（四）加强相关人员教育培训，提高检验质量

食品检验实验室的质量控制与管理是一项复杂的工作，对检验人员以及质量控制管理人员都提出了较高要求，而且他们的素质与能力将会直接影响到检验质量，从而从整体上影响到我国的食品安全工作。为了保证各项工作顺利落到实处，食品检验实验室要对相关工作人员进行全方位的教育培训。针对食品检测工作人员，实验室需要将教育培训的重点放在培养他们的专业素质能力上，使得他们能够掌握多元化的食品检验方法与技巧。与此同时，还要关注食品检验人员职业道德素质的提升，要求每个检验人员都能够在工作当中树立责任意识，将保证检验质量作为工作核心，进而得到科学准确的检验结果，为检验质量的提升提供强而有力的保障。针对质量控制管理人员，实验室需要把教育培训侧重点放在培养他们良好的质量控制能力和管理能力方面，使他们能够不断优化自身的管理意识，有效运用多样化的质量控制方法以及管理策略维护实验室工作的秩序，保证各项工作的开展质量。在教育培训工作结束后，还需要针对性地对他们进行考核。

饮食安全是关系人们身体健康的大事，因此开始得到人们的普遍关注，相应的食品检验实验室逐步建立起来，并在食品安全检验方面发挥着重要作用。为了更好地推动食品市场的可持续性发展，食品检测实验室必须明确食品安全的要求，在实验室的质量控制和管理方面进行深层次的研究，构建完善的质量控制与管理体系，保证检测结果准确，从而为我国食品安全工作的全面实施提供重要根据。

第五章 食品营养成分测定

第一节 水分测定

水是维持动物、植物和人体生存必不可少的物质，也是多数食品中的主要成分之一。从食品理化性质上来讲，水在食品中起着溶解、分散淀粉、蛋白质等水溶性成分的作用，使它们形成溶液或凝胶；从食品质地方面来讲，水分对食品的鲜度、硬度、流动性、耐储藏性及加工适应性等都具有重要的影响；从食品安全方面来讲，水是微生物繁殖的必需条件；从食品工艺角度来讲，水分具有膨润、浸透、均匀化等功能。

不同的食品其水分含量差别较大，在绝大多数食品中，水分是一个主要组成部分。一般来说，水果及蔬菜水分含量为 70% ~ 97%、蛋类为 67% ~ 77%、乳类为 87% ~ 89%、肉类为 43% ~ 72%、鱼类为 67% ~ 81%。控制食品中的水分含量对保持食品的感官性状、维持食品中其他组分的平衡、保证食品具有一定的保存期等具有重要作用，因此食品感官标准中对部分食品中的水分含量作了规定，如面粉为 12% ~ 14%、方便面 ≤ 10%、肉松 ≤ 20%、巧克力 ≤ 1%、全蛋粉 ≤ 4.5%、全脂乳粉 ≤ 2.75%。

固形物，是指食品内将水分排除以后的全部残留物，其组分包括蛋白质、脂肪、纤维素、无氮抽出物和灰分。直接测定固形物的方法也就是间接测定水分的方法。

水分是食品加工、运输、贮存过程中必须测量的重要指标。几十年来，随着水分检测技术的迅速发展，形成了多种水分检测方法。水分定量的方法有直接干燥法、减压干燥法、化学干燥法、微波干燥法、红外线干燥法、蒸馏法、滴定法（卡尔・费休法）。

一、直接干燥法

1. 原理

利用食品中水分的物理性质，在 101.3kPa，温度 101℃ ~ 105℃下采用挥发方法测定样品中干燥减失的重量，包括吸湿水、部分结晶水和该条件下能挥发的物质，再通过干燥前后的称量数值计算出水分的含量。

2. 试剂

（1）盐酸（HCl）分析纯。

（2）氢氧化钠（NaOH）分析纯。

3. 试剂配制

（1）6mol/L 盐酸　量取 50mL 盐酸，加蒸馏水稀释至 100mL。

（2）6mol/L 氢氧化钠　称取 24g 氢氧化钠，加水溶解并稀释至 100mL。

（3）海砂　取水洗去泥的海砂或河砂，先用 6mol/L 盐酸煮沸 30min，用水洗至中性，然后用 6mol/L 氢氧化钠煮沸 30min，用水洗至中性，经 105℃干燥备用。

4. 仪器设备

（1）电热恒温干燥箱。

（2）天平　感量为 0.1mg。

（3）扁形铝制或玻璃制称量瓶。

（4）干燥器　内附有效干燥剂。

5. 操作方法

（1）固体试样

取洁净铝制或玻璃制的扁形称量瓶，置于 101℃ ~ 105℃干燥箱中，瓶盖斜支于瓶边，加热 1.0h，取出盖好，置于干燥器内冷却 0.5h，称量，并重复干燥至前后两次质量差不超过 2mg，即为恒重。将混合均匀的试样迅速磨细至颗粒小于 2mm，不易研磨的样品应尽可能切碎，称取 2 ~ 10g 试样（精确至 0.0001g），放入称量瓶中，试样厚度不超过 5mm，如为疏松试样，厚度不超过 10mm，加盖，精密称量后，置于 101℃ ~ 105℃干燥箱中干燥 1h 左右，取出，放入干燥器内冷却 0.5h 后称量。然后再放入 101℃ ~ 105℃干燥箱中干燥 1h 左右，取出，放入干燥器内冷却 0.5h 后再称量。并重复以上操作至前后两次质量差不超过 2mg，即为恒重。

两次恒重值在最后计算中，取质量较小的一次称量值。

（2）半固体或液体试样

取洁净的称量瓶，内加 10g 海砂（实验过程中可根据需要适当增加海砂的质量）及一根小玻棒，置于 101℃ ~ 105℃干燥箱中，干燥 1.0h 后取出，放入干燥器内冷却 0.5h 后称量，并重复干燥至恒重。然后称取 5 ~ 10g 试样（精确至 0.0001g），置于称量瓶中，用小玻棒搅匀放在沸水浴上蒸干，并随时搅拌，擦去瓶底的水滴，置于 101℃ ~ 105℃干燥箱中干燥 4h 后盖好取出，放入干燥器内冷却 0.5h 后称量。然后再放入 101℃ ~ 105℃干燥箱中干燥 1h 左右，取出，放入干燥器内冷却 0.5h 后再称量。并重复以上操作至前后两次质量差不超过 2mg，即为恒重。

6. 结果计算

$$X=\frac{m_1-m_2}{m_1-m_3}\times 100 \tag{5-1}$$

式中：X——样品中水分含量，g/100g；

m_1——称量瓶（加海砂、玻棒）和试样的质量，g；

m_2——称量瓶（加海砂、玻棒）和样品干燥后的质量，g；

m_3——称量瓶（加海砂、玻棒）的质量，g。

水分含量≥ 1g/100g 时，计算结果保留三位有效数字；水分含量＜ 1g/100g 时，计算结果保留两位有效数字。

7. 说明

本法采用国家标准方法，适用于在 101℃ ~ 105℃下，蔬菜、谷物及其制品、水产品、豆制品、乳制品、肉制品、卤菜制品、粮食（水分含量低于 18%）、油料（水分含量低于 13%）、淀粉及茶叶类等食品中水分的测定，不适用于水分含量小于 0.5g/100g 的样品。在重复性条件下获得的两次独立测定结果的绝对差值不得超过算术平均值的 10%。

二、减压干燥法

1. **原理**

利用食品中水分的物理性质，在达到40 ~ 53kPa压力后加热至（60 ± 5）℃，采用减压烘干方法去除试样中的水分，再通过烘干前后的称量数值计算出水分的含量。

2. **仪器和设备**

（1）真空干燥箱、干燥器　内附有效干燥剂。

（2）天平　感量为0.1mg。

（3）扁形铝制或玻璃制称量瓶。

3. **操作方法**

（1）试样制备

粉末和结晶试样直接称取；较大块硬糖经研钵粉碎，混匀备用。

（2）测定

取已恒重的称量瓶称取2 ~ 10g（精确至0.0001g）试样，放入真空干燥箱内，将真空干燥箱连接真空泵，抽出真空干燥箱内空气（所需压力一般为40 ~ 53kPa），同时加热至所需温度（60 ± 5）℃。关闭真空泵上的活塞，停止抽气，使真空干燥箱内保持一定的温度和压力，经4h后，打开活塞，使空气经干燥装置缓缓通入真空干燥箱内，待压力恢复正常后再打开。取出称量瓶，放入干燥器中0.5h后称量，并重复以上操作至前后两次质量差不超过2mg，即为恒重。

4. **结果计算**

计算方法同直接干燥法。

5. **说明**

本法采用国家标准方法，适用于高温易分解的样品及水分较多的样品（如糖、味精等食品）中水分的测定，不适用于添加了其他原料的糖果（如奶糖、软糖等食品）中水分的测定，不适用于水分含量小于0.5g/100g的样品（糖和味精除外）。在重复性条件下获得的两次独立测定结果的绝对差值不得超过算术平均值的10%。

三、蒸馏法

1. 原理

利用食品中水分的物理化学性质，使用水分测定器将食品中的水分与甲苯或二甲苯共同蒸出，根据接收的水的体积计算出试样中水分的含量。本方法适用于含较多其他挥发性物质的食品，如香辛料等。

2. 试剂

甲苯（C_7H_8）或二甲苯（C_8H_{10}）。

3. 试剂配制

甲苯或二甲苯制备：取甲苯或二甲苯，先以水饱和后，分去水层，进行蒸馏，收集馏出液备用。

4. 仪器和设备

蒸馏式水分测定仪，如图 5-1 所示。

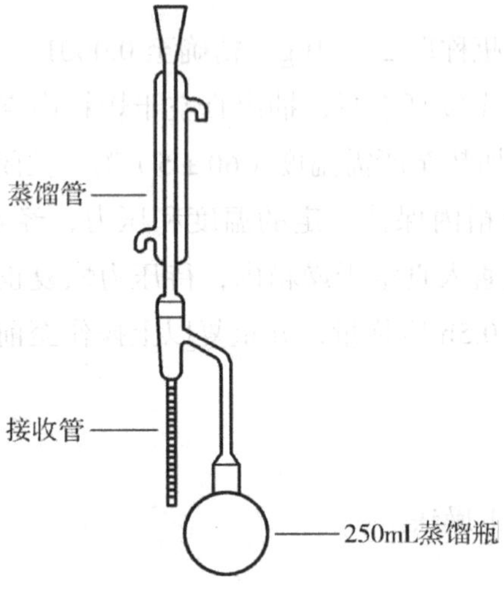

图 5-1　水分测定器

5. 检测步骤

准确称取适量试样（应使最终蒸出的水在 2 ~ 5mL，但最多取样量不得超过蒸馏瓶的 2/3），放入 250mL 蒸馏瓶中，加入新蒸馏的甲苯（或二甲苯）

75mL，连接冷凝管与水分接收管，从冷凝管顶端注入甲苯，装满水分接收管。同时做甲苯（或二甲苯）的试剂空白。加热慢慢蒸馏，使每秒钟的馏出液为2滴，待大部分水分蒸出后，加速蒸馏约每秒钟4滴，当水分全部蒸出后，接收管内的水分体积不再增加时，从冷凝管顶端加入甲苯冲洗。如冷凝管壁附有水滴，可用附有小橡皮头的铜丝擦下，再蒸馏片刻至接收管上部及冷凝管壁无水滴附着，接收管水平面保持10min不变为蒸馏终点，读取接收管水层的容积。

6. 结果计算

水分含量的计算公式如下：

$$X=\frac{V-V_0}{m}\times 100 \tag{5-2}$$

式中：X——试样中水分的含量，mL/100g（或按水在20℃的相对密度0.998，20g/mL计算质量）；

V——接收管内水的体积，mL；

V_0——做试剂空白时，接收管内水的体积，mL；

m——样品质量，g；

100——单位换算系数。

以重复性条件下获得的两次独立测定结果的算术平均值表示，结果保留三位有效数字。

7. 说明

本法采用国家标准方法，适用于含水较多又含有较多挥发性成分的水果、香辛料及调味品、肉与肉制品等食品中水分的测定，不适用于水分含量小于1g/100g的样品。在重复性条件下获得的两次独立测定结果的绝对差值不得超过算术平均值的10%。

四、卡尔·费休法

1. 原理

根据碘能与水和二氧化硫发生化学反应，在有嘧啶和甲醇共存时，1mol碘只与1mol水作用，反应式如下：

$$C_5H_5N\cdot I_2+C_5H_5N\cdot SO_2+C_5H_5N+H_2O+CH_3OH\rightarrow 2C_5H_5N\cdot HI+C_5H_6N[SO_4CH_3]$$

卡尔·费休水分测定法又分为库伦法和容量法。其中容量法测定的碘是作为滴定剂加入的，滴定剂中碘的浓度是已知的，根据消耗滴定剂的体积，计算消耗碘的量，从而计量出被测物质水的含量。

2. 试剂

（1）卡尔·费休试剂。

（2）无水甲醇（CH_3OH）优级纯。

3. 仪器和设备

（1）卡尔·费休水分测定仪。

（2）天平　感量为 0.1mg。

4. 检测步骤

（1）卡尔·费休试剂的标定（容量法）在反应瓶中加一定体积（浸没铂电极）的甲醇，在搅拌下用卡尔·费休试剂滴定至终点。加入 10mg 水（精确至 0.0001g），滴定至终点并记录卡尔·费休试剂的用量（V）。卡尔·费休试剂的滴定度按下式计算：

$$T=\frac{m}{V} \tag{5-3}$$

式中：T——卡尔·费休试剂的滴定度，mg/mL；

m——水的质量，mg；

V——滴定水消耗的卡尔·费休试剂的用量，mL。

（2）试样前处理

可粉碎的固体试样要尽量粉碎，使之均匀。不易粉碎的试样可切碎。

（3）试样中水分的测定

于反应瓶中加一定体积的甲醇或卡尔·费休测定仪中规定的溶剂浸没铂电极，在搅拌下用卡尔·费休试剂滴定至终点。迅速将易溶于甲醇或卡尔·费休测定仪中规定的溶剂的试样直接加入滴定杯中；对于不易溶解的试样，应采用对滴定杯进行加热或加入已测定水分的其他溶剂辅助溶解后用卡尔·费休试剂滴定至终点。建议采用容量法测定试样中的含水量应大于 100μg。对于滴定时，平衡时间较长且引起漂移的试样，需要扣除其漂移量。

（4）漂移量的测定

在滴定杯中加入与测定样品一致的溶剂，并滴定至终点，放置不少于10min后再滴定至终点，两次滴定之间的单位时间内的体积变化即为漂移量（D）。

5. 结果计算

固体试样中水分的含量按式(5-4)计算，液体试样中水分的含量按式(5-5)计算：

$$X=\frac{(V_1-D\times t)\times T}{m}\times 100 \tag{5-4}$$

$$X=\frac{(V_1-D\times t)\times T}{V_2\rho}\times 100 \tag{5-5}$$

式中：X——试样中水分的含量，g/100g；

V_1——滴定样品时卡尔·费休试剂体积，mL；

D——漂移量，mL/min；

t——滴定时所消耗的时间，min；

T——卡尔·费休试剂的滴定度，g/mL；

m——样品质量，g；

100——单位换算系数；

V_2——液体样品体积，mL；

ρ——液体样品的密度，g/mL。

水分含量≥1g/100g时，计算结果保留三位有效数字；水分含量＜1g/100g时，计算结果保留两位有效数字。

6. 说明

本法采用国家标准方法，适用于食品中含微量水分的测定，不适用于含有氧化剂、还原剂、碱性氧化物、氢氧化物、碳酸盐、硼酸等食品中水分的测定。卡尔·费休容量法适用于水分含量大于1.0×10^{-3}g/100g的样品。在重复条件下获得的两次独立测定结果的绝对差值不得超过算术平均值的10%。

五、水分活度的测定

1. 原理

在密封、恒温的康卫氏皿中，试样中的自由水与水分活度（Aw）较高和较低的标准饱和溶液相互扩散，达到平衡后，根据试样质量的变化量，求得样品的水分活度。

2. 试剂

除非另有说明，本方法所用试剂均为分析纯，水为规定的三级水。所用试剂有：溴化锂（$LiBr \cdot 2H_2O$）、氯化锂（$LiCl \cdot H_2O$）、氯化镁（$MgCl_2 \cdot 6H_2O$）、碳酸钾（K_2CO_3）、硝酸镁［$Mg(NO_3)_2 \cdot 6H_2O$］、溴化钠（$NaBr \cdot 2H_2O$）、氯化钴（$CoCl_2 \cdot 6H_2O$）、氯化锶（$SrCl_2 \cdot 6H_2O$）、硝酸钠（$NaNO_3$）、氯化钠（$NaCl$）、溴化钾（KBr）、硫酸铵［$(NH_4)_2SO_4$］、氯化钾（KCl）、硝酸锶［$Sr(NO_3)_2$］、氯化钡（$BaCl_2 \cdot 2H_2O$）、硝酸钾（KNO_3）、硫酸钾（K_2SO_4）。

3. 试剂配制

（1）溴化锂饱和溶液（水分活度为 0.064，25℃）在易于溶解的温度下，准确称取 500g 溴化锂，加入热水 200mL，冷却至形成固液两相的饱和溶液，贮于棕色试剂瓶中，常温下放置一周后使用。

（2）氯化锂饱和溶液（水分活度为 0.113，25℃）在易于溶解的温度下，准确称取 220g 氯化锂，加入热水 200mL，冷却至形成固液两相的饱和溶液，贮于棕色试剂瓶中，常温下放置一周后使用。

（3）氯化镁饱和溶液（水分活度为 0.328，25℃）在易于溶解的温度下，准确称取 150g 氯化镁，加入热水 200mL，冷却至形成固液两相的饱和溶液，贮于棕色试剂瓶中，常温下放置一周后使用。

（4）碳酸钾饱和溶液（水分活度为 0.432，25℃）在易于溶解的温度下，准确称取 300g 碳酸钾，加入热水 200mL，冷却至形成固液两相的饱和溶液，贮于棕色试剂瓶中，常温下放置一周后使用。

（5）硝酸镁饱和溶液（水分活度为 0.529，25℃）在易于溶解的温度下，准确称取 200g 硝酸镁，加入热水 200mL，冷却至形成固液两相的饱和溶液，贮于棕色试剂瓶中，常温下放置一周后使用。

（6）溴化钠饱和溶液（水分活度为 0.576，25℃）在易于溶解的温度下，准确称取 260g 溴化钠，加入热水 200mL，冷却至形成固液两相的饱和溶液，贮于棕色试剂瓶中，常温下放置一周后使用。

（7）氯化钴饱和溶液（水分活度为 0.649，25℃）在易于溶解的温度下，准确称取 160g 氯化钴，加入热水 200mL，冷却至形成固液两相的饱和溶液，贮于棕色试剂瓶中，常温下放置一周后使用。

（8）氯化锶饱和溶液（水分活度为 0.709，25℃）在易于溶解的温度下，准确称取 200g 氯化锶，加入热水 200mL，冷却至形成固液两相的饱和溶液，贮于棕色试剂瓶中，常温下放置一周后使用。

（9）硝酸钠饱和溶液（水分活度为 0.743，25℃）在易于溶解的温度下，准确称取 260g 硝酸钠，加入热水 200mL，冷却至形成固液两相的饱和溶液，贮于棕色试剂瓶中，常温下放置一周后使用。

（10）氯化钠饱和溶液（水分活度为 0.753，25℃）在易于溶解的温度下，准确称取 100g 氯化钠，加入热水 200mL，冷却至形成固液两相的饱和溶液，贮于棕色试剂瓶中，常温下放置一周后使用。

（11）溴化钾饱和溶液（水分活度为 0.809，25℃）在易于溶解的温度下，准确称取 200g 溴化钾，加入热水 200mL，冷却至形成固液两相的饱和溶液，贮于棕色试剂瓶中，常温下放置一周后使用。

（12）硫酸铵饱和溶液（水分活度为 0.810，25℃）在易于溶解的温度下，准确称取 210g 硫酸铵，加入热水 200mL，冷却至形成固液两相的饱和溶液，贮于棕色试剂瓶中，常温下放置一周后使用。

（13）氯化钾饱和溶液（水分活度为 0.843，25℃）在易于溶解的温度下，准确称取 100g 氯化钾，加入热水 200mL，冷却至形成固液两相的饱和溶液，贮于棕色试剂瓶中，常温下放置一周后使用。

（14）硝酸锶饱和溶液（水分活度为 0.851，25℃）在易于溶解的温度下，准确称取 240g 硝酸锶，加入热水 200mL，冷却至形成固液两相的饱和溶液，贮于棕色试剂瓶中，常温下放置一周后使用。

（15）氯化钡饱和溶液（水分活度为 0.902，25℃）在易于溶解的温度下，准确称取 100g 氯化钡，加入热水 200mL，冷却至形成固液两相的饱和溶液，贮于棕色试剂瓶中，常温下放置一周后使用。

（16）硝酸钾饱和溶液（水分活度为0.936，25℃）在易于溶解的温度下，准确称取120g硝酸钾，加入热水200mL，冷却至形成固液两相的饱和溶液，贮于棕色试剂瓶中，常温下放置一周后使用。

（17）硫酸钾饱和溶液（水分活度为0.973，25℃）在易于溶解的温度下，准确称取35g硫酸钾，加入热水200mL，冷却至形成固液两相的饱和溶液，贮于棕色试剂瓶中，常温下放置一周后使用。

4. 仪器和设备

（1）水分活度测定仪。

（2）天平　感量0.01g。

（3）样品皿。

5. 检测步骤

（1）试样制备

①粉末状固体、颗粒状固体及糊状样品：取有代表性样品至少200g，混匀，置于密闭的玻璃容器内。

②块状样品：取可食部分的代表性样品至少200g。在室温18℃～25℃，相对湿度50%～80%的条件下，迅速切成约小于3mm×3mm×3mm的小块，不得使用组织捣碎机，混匀后置于密闭的玻璃容器内。

③瓶装固体、液体混合样品：取液体部分。

④质量多样混合样品：取有代表性的混合均匀样品。

⑤液体或流动酱汁样品：直接取均匀样品进行称重。

（2）试样的测定

①在室温18℃～25℃，相对湿度50%～80%的条件下，用饱和盐溶液校正水分活度仪。

②称取约1g（精确至0.01g）试样，迅速放入样品皿中，封闭测量仓，在温度20℃～25℃、相对湿度50%～80%的条件下测定。每间隔5min记录水分活度仪的响应值。当相邻两次响应值之差小于0.005Aw时，即为测定值。仪器充分平衡后，同一样品重复测定3次。

6. 结果计算

当符合精密度所规定的要求时，取两次平行测定的算术平均值作为结果。计算结果保留两位有效数字。

7. 说明

本法采用国家标准方法，本标准规定了康卫氏皿扩散法和水分活度仪扩散法测定食品中的水分活度，这里介绍的是第二法。本标准适用于预包装谷物制品类、肉制品类、水产制品类、蜂产品类、薯类制品类、水果制品类、蔬菜制品类、乳粉、固体饮料的水分活度的测定，不适用于冷冻和含挥发性成分的食品。

第二节　维生素的测定

维生素是一类维持人体正常生理功能所必需的有机营养素，每种维生素履行着特殊的生理功能，缺乏时将引起相关的营养缺乏症。通常根据它们的溶解性质，将其分为脂溶性维生素（维生素 A、维生素 D、维生素 E 等）和水溶性维生素（B 族维生素、维生素 C 等）两大类。

一、维生素 A 的测定（反相高效液相色谱法）

1. 原理

样品皂化后，维生素 A 抽提至有机溶剂中，经浓缩后，C_{30} 或 PFP 反相液相色谱柱分离，紫外检测器或荧光检测器检测，外标法定量。

2. 试剂及设备

（1）试剂　无水乙醇、抗坏血酸、氢氧化钾、乙醚、石油醚、无水硫酸钠、pH 试纸、甲醇、淀粉酶（活力单位≥ 100U/mg）和 2，6 —二叔丁基对甲苯酚（BHT）。

（2）维生素 A 标准品　视黄醇（纯度≥ 95%）。

（3）设备　高效液相色谱仪（带紫外检测器或二极管阵列检测器或荧光检测器）、磁力加热搅拌器、旋转蒸发器、恒温水浴振荡器、分析天平、分液漏斗、玻璃漏斗、容量瓶（100mL）、标准口三角瓶、移液管（1mL、10mL）、氮吹仪、定量滤纸。

3. 检测步骤

（1）样品处理

取牛乳 50mL（或蛋黄 5g）于标准口三角瓶中，加乙醇 60mL、50%KOH 2mL，接上冷凝管，于磁力搅拌器上加热 30min，温度控制在 50℃左右。取分液漏斗两个，固定于铁架台上，一个加 50mL 乙醚或乙烷做第一次提取用，另一个加 30mL 乙醚做第二次提取用。样品皂化完后，取下三角瓶并用蒸馏水将冷凝管口冲洗，洗液并入三角瓶内，冷却至室温后，慢慢倒入第一个分液漏斗中，并用蒸馏水洗三角瓶 2 ~ 3 次，振摇片刻后静止待分层。取下层液移入第二次提取液中，同上处理后弃去下层。将两次提取液合并，同时将另一漏斗用乙醚冲洗三次，然后用蒸馏水洗涤提取液，以除去 KOH 和乙醇，直至蒸馏水用 pH 试纸测试为中性。

在 100mL 棕色容量瓶中加 0.2g BHT，瓶上放漏斗、滤纸及无水 Na_2SO_4，将提取液通过无水 Na_2SO_4 脱水，用乙醚冲洗分液漏斗，最后定容至 1000mL，摇匀待用。取 10mL 于鸡心瓶中，在 50℃恒温水浴中旋转蒸发至干，取下后立即用 1.0mL 无水甲醇溶解，摇动后上机测定。

（2）色谱条件

色谱柱：C_{30} 柱（柱长 250mm，内径 4.6mm，粒径 3μm）；流动相：A：水；B：甲醇，洗脱梯度见表 5-1；紫外检测波长：325nm；流速：0.8mL/min；进样量：10μL；柱温：20℃。

表 5-1　C_{30} 色谱柱—反相高效液相色谱法洗脱梯度参考条件

时间 /min	流动相 A 梯度 /%	流动相 B 梯度 /%	流速 /（mL/min）
0.0	4	96	0.8
13.0	4	96	0.8
20.0	0	100	0.8
24.0	0	100	0.8
24.5	4	96	0.8
30.0	4	96	0.8

（3）标准曲线的制作

本法采用外标法定量。将维生素 A 标准系列工作溶液分别注入高效液相色谱仪中，测定相应的峰面积，以峰面积为纵坐标，以标准测定液浓度为横坐标绘制标准曲线，计算直线回归方程。

（4）样品测定

试样液经高效液相色谱仪分析，测得峰面积，采用外标法通过上述标准曲线计算其浓度。在测定过程中，建议每测定 10 个样品用同一份标准溶液或标准物质检查仪器的稳定性。

4. 结果计算

试样中维生素 A 的含量按下式计算：

$$X = \frac{\rho \times V \times f \times 100}{m} \tag{5-6}$$

式中：X——试样中维生素 A 的含量，μg/100g；

ρ——根据标准曲线计算得到的试样中维生素 A 的浓度，μg/mL；

V——定容体积，mL；

f——换算因子（维生素 A：f=1；维生素 E：f=0.001）；

100——试样中量以每 100g 计算的换算系数；

m——试样的称样量，g。

二、维生素 D 的测定（高效液相色谱法）

1. 原理

将样品皂化，由酯型转化为游离型，用高效液相色谱测定。

2. 试剂及设备

（1）试剂

乙醚（不含过氧化物）、乙醇、甲醇、无水 Na_2SO_4、50%KOH 溶液、焦性没食子酸。维生素 D 标准（Merck）液的配制：称取 5.3mg 标准品，用少量乙醇溶解后用甲醇定溶至 50mL，即为 106μg/mL 的标准液，再取 1.0mL 定容至 25mL，即为 4.24μg/mL 的高效液相色谱仪用的标准溶液。

（2）设备

高效液相色谱仪具可调波长紫外检测器，直型 K－D 浓缩器，磁力加热搅拌器。

3. 检测步骤

（1）皂化

取 5 ~ 10g 样品，加 1g 焦性没食子酸 50mL 乙醇溶液，在磁力搅拌器下使样品均匀溶解后加入 30mL 50%KOH 溶液，在（50±2）℃搅拌回流 40mim。

（2）提取

取下回流液，冲凉后用 50mL、30mL、20mL、10mL 乙醚萃取，合并乙醚层，用水洗至中性，过无水 Na_2SO_4，在 50℃下浓缩至约 5mL，取下后，用甲醇定容至 10mL，待测定。

（3）色谱条件

色谱柱：μ —Bondapak C183.9mm × 30cm；流动相：甲醇；流速：0.8mL/min；测定波长：265nm。

（4）样品测定

吸取处理好的样品 20μL，注入高效液相色谱仪，进行 HPLC 分析，同时进行标准溶液的分析，将样品的峰与标准溶液峰比较，以保留时间定性，峰高或峰面积定量。

4. 结果计算

$$维生素D含量=\frac{S'}{S}\times A\times \rho\times 100\ （\mu g/100g） \tag{5-7}$$

式中：S' ——样品峰面积；

S——标准峰面积；

A——样品稀释总体积，mL；

ρ——标准溶液浓度，μg/mL。

三、维生素 E 含量的测定（高效液相色谱法）

1. 原理

样品皂化后，维生素 E 由酯型转化为游离型，用高效液相色谱测定，但有时为节省时间也可省去皂化，直接提取后进行测定。

2. 试剂及设备

（1）试剂

50%KOH 溶液，无水乙醇、乙醚（无过氧化物）、2，6 —二叔丁基对甲苯酚（BHT）、异辛烷、1，4 —二烷。维生素 E 标准溶液：精确称量一定量的标准维生素 E，溶于异辛烷中，使最终浓度为 20μg/mL。

（2）设备

植物捣碎机，旋转蒸发仪，磁力加热搅拌器，冷凝管，高效液相色谱仪（具可调波长紫外检测器）。

3. 检测步骤

（1）样品处理

取样品于植物捣碎机中捣碎，准确称取 5 ~ 10g 于三角瓶中，加 20mL 50% KOH，60mL 无水乙醇，接上冷凝管，于磁力加热搅拌器上 70℃回流 30min，回流结束后，样品冷却至 40℃左右后，用乙醚提取两次，用水洗至中性，经无水 Na_2SO_4 脱水后，提取液移入 250mL 容量瓶中，加入 100mg 抗氧化剂 BHT，待 BHT 溶解后，定容至刻度，混匀，吸取 100mL 提取液于鸡心瓶中，在 50℃水浴中旋转蒸发干燥，用 2.0mL 异辛烷溶解，贮于瓶中。

（2）色谱条件

色谱柱：Lichrosorb Si — 60 250mm × 4mm；流动相：含 0.4% 1，4 —二烷的异辛烷；流速：1.0 ~ 1.5mL/min；检测器：紫外 280nm；进样量：20μL。

（3）结果计算

根据标准维生素 E 的保留时间定性，根据样品的峰高或峰面积积分值定量。

4. 注意事项

（1）若为蔬菜、水果等低脂肪样品，可不经过皂化，直接提取。

（2）若为植物油等样品，可稀释后过滤直接上机。

四、维生素B_1（硫胺素）含量的测定（荧光分光光度法）

1. 原理

硫胺素在碱性铁氰化钾溶液中被氧化成噻嘧色素，在紫外线下，噻嘧色素发出荧光。在给定条件下，以及没有其他荧光物质干扰时，此荧光强度与噻嘧色素量成正比，即与溶液中硫胺素量成正比。如试样中含杂质过多，应经过离子交换剂处理，使硫胺素与杂质分离，然后以所得溶液用于测定。

2. 试剂及设备

（1）试剂

正丁醇（$CH_3CH_2CH_2CH_2OH$），无水硫酸钠（Na_2SO_4）：560℃烘烤 6h 后使用，铁氰化钾［$K_3Fe(CN)_6$］，氢氧化钠（NaOH），盐酸（HCl），乙酸钠（$CH_3COONa \cdot 3H_2O$），冰乙酸（CH_3COOH），人造沸石，硝酸银（$AgNO_3$），溴甲酚绿（$C_{21}H_{14}Br_4O_5S$），五氧化二磷（P_2O_5）或者氯化钙（$CaCl_2$），氯化钾（KCl），淀粉酶：不含维生素B_1，酶活力≥ 3700U/g，木瓜蛋白酶：不含维生素B_1，酶活力≥ 800U（活力单位）/mg。

（2）试剂配制 0.1mol/L 盐酸溶液：移取 8.5mL 盐酸，用水稀释并定容至 1000mL，摇匀。

0.01mol/L 盐酸溶液：量取 0.1mol/L 盐酸溶液 50mL，用水稀释并定容至 500mL，摇匀。

2mol/L 乙酸钠溶液：称取 272g 乙酸钠，用水溶解并定容至 1000mL，摇匀。

氯化钾溶液（250g/L）：称取 250g 氯化钾，用水溶解并定容至 1000mL，摇匀。

酸性氯化钾（250g/L）：移取 8.5mL 盐酸，用 250g/L 氯化钾溶液稀释并定容至 1000mL，摇匀。

氢氧化钠溶液（150g/L）：称取 150g 氢氧化钠，用水溶解并定容至 1000mL，摇匀。

铁氰化钾溶液（10g/L）：称取 1g 铁氰化钾，用水溶解并定容至 100mL，摇匀，于棕色瓶内保存。

碱性铁氰化钾溶液：移取 4mL 10g/L 铁氰化钾溶液，用 150g/L 氢氧化钠溶液稀释至 60mL，摇匀。用时现配，避光使用。

乙酸溶液：量取 30mL 冰乙酸，用水稀释并定容至 1000mL，摇匀。

0.01mol/L 硝酸银溶液：称取 0.17g 硝酸银，用 100mL 水溶解后，于棕色瓶中保存。

0.1mol/L 氢氧化钠溶液：称取 0.4g 氢氧化钠，用水溶解并定容至 100mL，摇匀。

溴甲酚绿溶液（0.4g/L）：称取 0.1g 溴甲酚绿，置于小研钵中，加入 1.4mL 0.1mol/L 氢氧化钠溶液研磨片刻，再加入少许水继续研磨至完全溶解，用水稀释至 250mL。

活性人造沸石：称取 200g 0.25mm（40 目）～ 0.42mm（60 目）的人造沸石于 2000mL 试剂瓶中，加入 10 倍于其体积的接近沸腾的热乙酸溶液，振荡 10min，静置后，弃去上清液，再加入热乙酸溶液，重复一次；再加入 5 倍于其体积的接近沸腾的热 250g/L 氯化钾溶液，振荡 15min，倒出上清液；再加入乙酸溶液，振荡 10min，倒出上清液；反复洗涤，最后用水洗直至不含氯离子。

氯离子的定性鉴别方法：取 1mL 上述上清液（洗涤液）于 5mL 试管中，加入几滴 0.01mol/L 硝酸银溶液，振荡，观察是否有浑浊产生。如果有浑浊说明还含有氯离子，继续用水洗涤，直至不含氯离子为止。将此活性人造沸石于水中冷藏保存备用。使用时，倒入适量于铺有滤纸的漏斗中，沥干水后称取约 8.0g 倒入充满水的层析柱中。

（3）标准品

盐酸硫胺素（$C_{12}H_{17}ClN_4OS \cdot HCl$），CAS：67—03—8，纯度≥ 99.0%。

（4）标准溶液配制

维生素 B_1 标准储备液（100μg/mL）：准确称取经氯化钙或者五氧化二磷干燥 24h 的盐酸硫胺素 112.1mg（精确至 0.1mg），相当于硫胺素为 100mg，用 0.01mol/L 盐酸溶液溶解，并稀释至 1000mL，摇匀。于 0 ～ 4℃冰箱避光保存，保存期为 3 个月。

维生素 B_1 标准中间液（10.0μg/mL）：将标准储备液用 0.01mol/L 盐酸溶液稀释 10 倍，摇匀，在冰箱中避光保存。

维生素 B_1 标准使用液（0.100μg/mL）：准确移取维生素 B_1 标准中间液 1.00mL，用水稀释、定容至 100mL，摇匀。临用前配制。

（5）设备

荧光分光光度计，离心机：转速≥4000r/min，pH 计：精度 0.01，电热恒温箱，盐基交换管或层析柱（60mL，300mm×10mm 内径），天平：感量为 0.01g 和 0.01mg。

3. 检测步骤

（1）试样预处理

用匀浆机将样品均质成匀浆，于冰箱中冷冻保存，用时将其解冻混匀。干燥试样取不少于 150g，将其全部充分粉碎备用。

（2）提取

准确称取适量试样（估计其硫胺素含量为 10 ~ 30μg，一般称取 2 ~ 10g 试样），置于 100mL 锥形瓶中，加入 50mL 0.1mol/L 盐酸溶液，使得样品分散开，将样品放入恒温箱中于 121℃水解 30min，结束后，凉至室温后去除。用 2mol/L 乙酸钠溶液调 pH 为 4.0 ~ 5.0 或者用 0.4g/L 溴甲酚绿溶液为指示剂，滴定至溶液由黄色转变为蓝绿色。

酶解：于水解液中加入 2mL 混合酶液，于 45℃ ~ 50℃恒温箱中保温过夜（16h）。待溶液凉至室温后，转移至 100mL 容量瓶中，用水定容至刻度。混匀、过滤，即得提取液。

（3）净化

装柱：根据待测样品的数量，取适量处理好的活性人造沸石，经滤纸过滤后，放在烧杯中。用少许脱脂棉铺于盐基交换管柱（或层析柱）的底部，加水将棉纤维中的气泡排出，关闭柱塞，加入约 20mL 水，再加入约 8.0g（以湿重计，相当于干重 1.0 ~ 1.2g）经预先处理的活性人造沸石，要求保持盐基交换管中液面始终高过活性人造沸石。活性人造沸石柱床的高度对维生素 B_1 测定结果有影响，高度不低于 45mm。

样品提取液的净化：准确加入 20mL 上述提取液于上述盐基交换管柱（或层析柱）中，使通过活性人造沸石的硫胺素总量为 2 ~ 5μg，流速约为 1 滴 /s。加入 10mL 近沸腾的水冲洗盐基交换柱，流速约为 1 滴 /s，弃去淋洗液，如此重复三次。于交换管下放置 25mL 刻度试管用于收集洗脱液，分两次加入 20mL 温度约为 90℃的酸性氯化钾溶液，每次 10mL，流速为 1 滴 /s。待洗脱液凉至室温后，用 250g/L 酸性氯化钾定容，摇匀，即为试样净化液。标准溶液的处理：重复上述操作，取 20mL 维生素 B_1 标准使用液（0.1μg/mL）代替试样提取液，同上用盐基交换管（或层析柱）净化，即得到标准净化液。

（4）氧化

将 5mL 试样净化液分别加入 A、B 两支已标记的 50mL 离心管中。在避光条件下将 3mL 150g/L 氢氧化钠溶液加入离心管 A，将 3mL 碱性铁氰化钾溶液加入离心管 B，涡旋 15s；然后各加入 10mL 正丁醇，将 A、B 管同时涡旋 90s。静置分层后吸取上层有机相于另一套离心管中，加入 2 ~ 3g 无水硫酸钠，涡旋 20s，使溶液充分脱水，待测定。

用标准的净化液代替试样净化液重复上述的操作。

（5）荧光强度的测定

测定条件：激发波长 365nm；发射波长 435nm；激发波狭缝 5nm。

①试样空白荧光强度（试液反应瓶 A）；

②标准空白荧光强度（标准反应瓶 A）；

③试样荧光强度（试样反应瓶 B）；

④标准荧光强度（标准反应瓶 B）。

4. 结果计算

$$X=(U-U_h)\times\frac{\rho_1 V}{(S-S_b)}\times\frac{V_1}{V_2}\times\frac{\rho_2}{m}\times\frac{100}{1000} \tag{5-8}$$

式：X——样品中维生素 B_1（硫胺素计）含量，mg/100g；

U——试样荧光强度；

U_b——试样空白荧光强度；

S——标准荧光强度；

S_b——标准空白强度；

ρ_1——硫胺素标准使用液浓度，μg/mL；

V——用于净化的硫胺素标准使用液体积，mL；

V_1——试样水解后定容之体积，mL；

V_2——试样用于净化的提取液体积，mL；

ρ_2——硫胺素标准使用液浓度，μg/mL；

m——试样质量，g；

$\frac{100}{1000}$——样品含量由 μg/g 换算成 mg/100g 的系数。

5. 说明

（1）本法适用于各类食物中硫胺素的测定，但不适用于有吸附硫胺素能力的物质和含有影响噻嘧色素荧光物质的样品。

（2）检出限为 0.04mg/100g，定量限为 0.12mg/100g。

五、维生素 B_2（核黄素）的测定（荧光法）

1. 原理

核黄素在 440 ~ 500nm 波长光照射下发生黄绿色荧光，在稀溶液中其荧光强度与核黄素的浓度成正比，在波长 525nm 下测定其荧光强度，试液再加入低亚硫酸钠（$Na_2S_2O_4$）将核黄素还原为无荧光的物质，然后再测定试液中残余荧光杂质的荧光强度，二者之差即为食品中核黄素所产生的荧光强度。

2. 试剂及设备

（1）试剂

2.5mol/L 无水乙酸钠溶液，硅镁吸附剂（60 ~ 100 目），10% 木瓜蛋白酶（用 2.5mol/L 乙酸钠配制，使用时现配），10% 淀粉酶（用 2.5mol/L 乙酸钠配制，使用时现配），0.1mol/L 盐酸，0.1mol/L NaOH，1mol/L NaOH，20% 低亚硫酸钠溶液（用时现配，保存于冰水浴中，4h 内有效），洗脱液（丙酮：冰乙酸：水 =5：2：9），0.04% 溴甲酚绿指示剂（称取 0.1g 溴甲酚绿于研钵中，加 1.4mL 0.1mol/L NaOH 溶液研磨，加少许水，继续研磨，直至完全溶解，用水稀释至 250mL），3% $KMnO_4$ 溶液，3% H_2O_2 溶液。实验用水为蒸馏水，试剂不加说明为分析纯。

核黄素标准使用溶液：吸取 2.00mL 核黄素标准储备液（25μg/mL），置于 50mL 棕色容量瓶中，用水稀释至刻度，避光，储于 4℃冰箱，可保存 1 周，此溶液每毫升相当于 1.00μg 核黄素。

（2）设备

实验室常用设备，高压消毒锅，电热恒温培养箱，核黄素吸附柱，荧光分光光度计。

3. 检测步骤

（1）样品提取

①水解：称取 2 ~ 10g 样品（含 10 ~ 20μg 核黄素）于 100mL 三角瓶中，加入 50mL 0.1mol/L 的盐酸，搅拌至颗粒物分散均匀，用 40mL 瓷坩埚为盖扣住瓶口，置于高压锅内高压水解，103kPa 30min，水解液冷却后，滴加 1mol/L NaOH，取少许溶液，用 0.04% 溴甲酚绿检验呈草绿色，pH4.5。

②酶解：a. 含有淀粉的水解液：加入 3mL 10% 淀粉酶溶液，于 37℃ ~ 40℃保温约 16h。b. 含高蛋白的水解液：加入 3mL 10% 木瓜蛋白酶溶液，于 37℃ ~ 40℃保温约 16h。

③过滤：上述酶解液定容至 100mL，用干滤纸过滤，此提取液在 4℃冰箱中可保存一周。

（2）氧化去杂质

取一定体积的样品提取液及核黄素标准使用液（含 1 ~ 10μg 核黄素）分别于 20mL 的带盖刻度试管中，加水至 15mL，各管加 0.5mL 冰乙酸，加 3% $KMnO_4$ 溶液 0.5mL，混匀，放置 2min，使氧化去杂质，滴加 3% 双氧水溶液数滴，直至 $KMnO_4$ 的颜色褪去，剧烈振摇试管，使多余的 O_2 逸出。

（3）吸附和洗脱

①核黄素吸附柱

硅镁吸附剂约 1g 用湿法装入柱，占柱长 1/2 ~ 2/3（约 5cm）为宜，吸附柱下端用一小团脱脂棉垫上，勿使柱内产生气泡，调节流速约为 60 滴 /min。

②过柱与洗脱

将全部氧化后的样液及标准液通过吸附柱后，用 20mL 热水洗去样品中的杂质。然后用 5mL 洗脱液将样品中的核黄素洗脱并收集于一带盖 10mL 刻度试管中，再用水洗吸附柱，收集洗出之液体并定容至 10mL，混匀后待测荧光。

（4）测定

于激发光波长 440nm，发射光波长 525nm，测量样品管及标准管的荧光值，待样品及标准的荧光值测量后，在各管的剩余液（5 ~ 7mL）中加 0.1mL 20% 的低亚硫酸钠溶液，立即摇匀，在 20s 内测出各管的荧光值，作为各自的空白值。

4. 结果计算

$$X=\frac{(A-B)\times m'}{(C-D)\times m}\times f\times\frac{100}{1000} \tag{5-9}$$

式中：X——样品中核黄素的含量，mg/100g；

C——标准管荧光值；

A——样品管荧光值；

D——标准管空白荧光值；

B——样品管空白荧光值；

f——稀释倍数；

m——样品质量，g；

m' ——标准管中的核黄素含量，μg；

$\frac{100}{1000}$——将样品中核黄素量由 μg/g 折算成 μg/100g 的折算系数。

5. 说明

整个过程需避光进行；因核黄素在碱性溶液中不稳定，因而加 NaOH 时应边摇边加，防止局部碱度过大，破坏核黄素。

六、维生素 C 含量的测定（高效液相色谱法）

1. 原理

试样中的抗坏血酸用偏磷酸溶解超声提取后，以离子对试剂为流动相，经反相色谱柱分离，其中 L（+）—抗坏血酸和 D（+）—抗坏血酸直接用配有紫外检测器的液相色谱仪（波长 245nm）测定；试样中的 L（+）—脱氢抗坏血酸经 L—半胱氨酸溶液进行还原后，用紫外检测器（波长 245nm）测定 L（+）—抗坏血酸总量，或减去原样品中测得的 L（+）—抗坏血酸含量而获得 L（+）—脱氢抗坏血酸的含量。以色谱峰的保留时间定性，外标法定量。

2. 试剂与设备

（1）试剂

偏磷酸（$(HPO_3)_n$）：含量（以 HPO_3 计）≥ 38%，磷酸三钠（$Na_3PO_4\cdot 12H_2O$），磷酸二氢钾（KH_2PO_4），磷酸（H_3PO_4）：85%，L—半胱氨酸

（$C_3H_7NO_2S$）：优级纯，十六烷基三甲基溴化铵（$C_{19}H_{42}BrN$）：色谱纯，甲醇（CH_3OH）：色谱纯。

（2）试剂配制

偏磷酸溶液（200g/L）：称取 200g（精确至 0.1g）偏磷酸，溶于水并稀释至 1L，此溶液于 4℃的环境下可保存一个月。

偏磷酸溶液（20g/L）：量取 50mL 200g/L 偏磷酸溶液，用水稀释至 500mL。

磷酸三钠溶液（100g/L）：称取 100g（精确至 0.1g）磷酸三钠，溶于水并稀释至 1L。

L —半胱氨酸溶液（40g/L）：称取 4g L —半胱氨酸，溶于水并稀释至 100mL，临用时配制。

（3）标准品 L（+）—抗坏血酸标准品（C_6H_8O6）：纯度≥ 99%，D（+）—抗坏血酸（异抗坏血酸）标准品（C_6H_8O6）：纯度≥ 99%。

（4）标准溶液配制 L（+）—抗坏血酸标准贮备溶液（1.000mg/mL）：准确称取 L（+）—抗坏血酸标准品 0.01g（精确至 0.01mg），用 20g/L 的偏磷酸溶液定容至 10mL。该贮备液在 2 ～ 8℃避光条件下可保存一周。

D（+）—抗坏血酸标准贮备溶液（1.000mg/mL）：准确称取 D（+）—抗坏血酸标准品 0.01g（精确至 0.01mg），用 20g/L 的偏磷酸溶液定容至 10mL。该贮备液在 2℃～ 8℃避光条件下可保存一周。

（5）设备

液相色谱仪：配有二极管阵列检测器或紫外检测器，pH 计：精度为 0.01，天平：感量为 0.1g、1mg、0.01mg，超声波清洗器，离心机：转速≥ 4000r/min，均质机，滤膜：0.45μm 水相膜，振荡器。

3. 检测步骤

整个检测过程尽可能在避光条件下进行。

（1）试样制备

液体或固体粉末样品：混合均匀后，应立即用于检测。水果、蔬菜及其制品或其他固体样品：取 100g 左右样品加入等质量 20g/L 的偏磷酸溶液，经均质机均质并混合均匀后，应立即测定。

（2）试样溶液的制备

称取相对于样品 0.5 ～ 2g（精确至 0.001g）混合均匀的固体试样或匀浆试样，或吸取 2 ～ 10mL 液体试样［使所取试样含 L（+）—抗坏血酸约 0.03 ～ 6mg］于 50mL 烧杯中，用 20g/L 的偏磷酸溶液将试样转移至 50mL 容量瓶中，振摇溶解并定容。摇匀，全部转移至 50mL 离心管中，超声提取 5min 后，于 4000r/min 离心 5min，取上清液过 0.45μm 水相滤膜，滤液待测［由此试液可同时分别测定试样中 L(+)—抗坏血酸和 D(+)—抗坏血酸的含量］。

（3）试样溶液的还原

准确吸取 20mL 上述离心后的上清液于 50mL 离心管中，加入 10mL 40g/L 的 L—半胱氨酸溶液，用 100g/L 磷酸三钠溶液调节 pH 至 7.0 ～ 7.2，以 200 次 /min 振荡 5min。再用磷酸调节 pH 至 2.5 ～ 2.8，用水将试液全部转移至 50mL 容量瓶中，并定容至刻度。混匀后取此试液过 0.45μm 水相滤膜后待测［由此试液可测定试样中包括脱氢型的 L（+）—抗坏血酸总量］。

若试样含有增稠剂，可准确吸取 4mL 经 L—半胱氨酸溶液还原的试液，再准确加入 1mL 甲醇，混匀后过 0.45μm 滤膜后待测。

（4）仪器参考条件

色谱柱：C18 柱，柱长 250mm，内径 4.6mm，粒径 5μm，或同等性能的色谱柱。

检测器：二极管阵列检测器或紫外检测器。

流动相：A：6.8g 磷酸二氢钾和 0.91g 十六烷基三甲基溴化铵，用水溶解并定容至 1L（用磷酸调 pH 至 2.5 ～ 2.8）；B：100% 甲醇。按 A ：B=98 ：2 混合，过 0.45μm 滤膜，超声脱气。

流速：0.7mL/min；检测波长：245nm；柱温：25℃；进样量：20μL。

（5）标准曲线制作

分别对抗坏血酸混合标准系列工作溶液进行测定，以 L（+）—抗坏血酸［或 D（+）—抗坏血酸］标准溶液的质量浓度（μg/mL）为横坐标，L（+）—抗坏血酸［或 D（+）—抗坏血酸］的峰高或峰面积为纵坐标，绘制标准曲线或计算回归方程。

（6）试样溶液的测定

对试样溶液进行测定，根据标准曲线得到测定液中 L（+）—抗坏血酸［或 D（+）—抗坏血酸］的浓度（μg/mL）。

（7）空白试验

空白试验系指除不加试样外，采用完全相同的检测步骤、试剂和用量，进行平行操作。

4. 结果计算

试样中 L（+）—抗坏血酸［或 D（+）—抗坏血酸］的含量和 L（+）—抗坏血酸总量以毫克每百克表示，按式 5-10 计算：

$$X=\frac{(\rho_1-\rho_2)\times V}{m\times 1000}\times F\times K\times 100 \tag{5-10}$$

式中：X——试样中 L（+）—抗坏血酸［或 D（+）—抗坏血酸、L（+）—抗坏血酸总量］的含量，mg/10g；

ρ_1——样液中 L（+）—抗坏血酸［或 D（+）—抗坏血酸］的质量浓度，μg/mL；

ρ_2——样品空白液中 L（+）—抗坏血酸［或 D（+）—抗坏血酸］的质量浓度，μg/mL；

V——试样的最后定容体积，mL；

m——实际检测试样质量，g；

1000——换算系数（由 μg/mL 换算成 mg/mL 的换算因子）；

F——稀释倍数（若使用“试样溶液的还原”步骤时，即为 2.5）；

K——若使用“试样溶液的还原”中甲醇沉淀步骤时，即为 1.25；

100——换算系数（由 mg/g 换算成 mg/100g 的换算因子）。

计算结果以重复性条件下获得的两次独立测定结果的算术平均值表示，结果保留三位有效数字。

5. 说明

固体样品取样量为 2g 时，L（+）—抗坏血酸和 D（+）—抗坏血酸的检出限均为 0.5mg/100g，定量限均为 2.0mg/100g。液体样品取样量为 10g（或 10mL）时，L（+）—抗坏血酸和 D（+）—抗坏血酸的检出限均为 0.1mg/100g（或 0.1mg/100mL），定量限均为 0.4mg/100g（或 0.4mg/100mL）。

第三节　矿物质总量及矿物质元素组成测定

一、矿物质总量（灰分）的测定

食品的组成十分复杂，除含有大量的有机物质外，还含有丰富的无机成分，这些无机成分包括人体所必需的无机盐或矿物质，其中含量较多的有钙、镁、钾、钠、硫、磷、氯等元素。此外，还含有少量的微量元素，如铁、铜、锌、锰、碘、氟等。当食品经高温灼烧时，将发生一系列的物理和化学变化，有机成分挥发逸散，而无机成分（主要是无机盐和金属氧化物）则残留下来，这些残留物称为灰分，它是标示食品中无机成分总量的一项指标。

食品的灰分与食品中原来存在的无机成分在数量和组成上并不完全相同，这是因为食品在灰化时，某些易挥发元素，如氯、碘、铅等会挥发散失，磷、硫等也能以含氧酸的形式挥发散失。另外，某些金属氧化物会吸收有机物分解产生的二氧化碳而形成碳酸盐，使无机成分增多。因此，灰分并不能准确地表示食品中原来的无机成分的总量，从这种观点出发通常把食品经高温灼烧后的残留物称为粗灰分（或总灰分）。

不同的食品，因所用原料、加工方法及测定条件不同，各种灰分的组成和含量也不相同，当这些条件确定后，某种食品的灰分常在一定范围内。如果灰分含量超过了正常范围，说明食品生产中使用了不合乎卫生标准要求的原料或食品添加剂，或食品在加工、贮运过程中受到了污染。因此，测定灰分可以判断食品受污染的程度。

灰分可以作为评价食品的质量指标。例如，在面粉加工中，常以总灰分含量评定面粉等级，富强粉为 0.3% ~ 0.5%，标准粉为 0.6% ~ 0.9%。加工精度越细，总灰分含量越低，这是因为小麦麸皮中灰分的含量较胚乳高 20 倍左右。

在生物体内已发现的几十种元素中，C、H、O、N、S、P、Cl、Ca、Mg、Na、K 这 11 种元素在人体内的含量为 99.95%，称为常量元素。除去构成水分和有机物质的 C、H、O、N 四种元素外，其余的通称为矿物成分，每日膳食需要总量为100mg左右。为保障人体健康，对食品中人体需要的元素进行检测分析是十分必需的。

1. **原理**

食品经灼烧后所残留的无机物质称为灰分。灰分数值通过灼烧、称重后计算得出。

2. **试剂**

（1）乙酸镁［（CH_3COO）2Mg·$4H_2O$］分析纯。

（2）浓盐酸（HCl）。

3. **试剂配制**

（1）乙酸镁溶液（80g/L）称取8.0g乙酸镁加水溶解定容至100mL，混匀。

（2）乙酸镁溶液（240g/L）称取24.0g乙酸镁加水溶解并定容至100mL，混匀。

（3）10%盐酸溶液 量取24mL分析纯浓盐酸用蒸馏水稀释至100mL。

4. **仪器和设备**

（1）高温炉 温度≥950℃；干燥器（内有干燥剂）；电热板。

（2）分析天平或电子天平 感量分别为0.1mg、1mg和0.1g。

（3）石英坩埚或瓷坩埚。

（4）恒温水浴锅 控温精度 ±2℃。

5. **检测步骤**

（1）坩埚预处理

①含磷量较高的食品和其他食品：取大小适宜的石英坩埚或瓷坩埚置高温炉中，在（550±25）℃下灼烧30min，冷却至200℃左右，取出，放入干燥器中冷却30min，准确称量。重复灼烧至前后两次称量相差不超过0.5mg为恒重。

②淀粉类食品：先用沸腾的稀盐酸洗涤，再用大量自来水洗涤，最后用蒸馏水冲洗。将洗净的坩埚置于高温炉内，在（900±25）℃下灼烧30min，并在干燥器内冷却至室温，称重，精确至0.0001g。

（2）称样

含磷量较高的食品和其他食品：灰分大于或等于10g/100g的试样称取

2 ~ 3g（精确至 0.0001g）；灰分小于或等于 10g/100g 的试样称取 3 ~ 10g（精确至 0.0001g，对于灰分含量更低的样品可适当增加称样量）。淀粉类食品：迅速称取样品 2 ~ 10g（马铃薯淀粉、小麦淀粉以及大米淀粉至少 5g，玉米淀粉和木薯淀粉 10g），精确至 0.0001g。将样品均匀分布在坩埚内，不要压紧。

（3）测定

①含磷量较高的豆类及其制品、肉禽及其制品、蛋及其制品、水产及其制品、乳及乳制品。

a. 称取试样后，加入 1mL 乙酸镁溶液（240g/L）或 3mL 乙酸镁溶液（80g/L），使试样完全润湿。放置 10min 后，在水浴上将水分蒸干，在电热板上以小火加热使试样充分炭化至无烟，然后置于高温炉中，在（550 ± 25）℃灼烧 4h。冷却至 200℃左右，取出，放入干燥器中冷却 30min，称量前如发现灼烧残渣有炭粒时，应向试样中滴入少许水湿润，使结块松散，蒸干水分再次灼烧至无炭粒即表示灰化完全，方可称量。重复灼烧至前后两次称量相差不超过 0.5mg 为恒重。

b. 吸取 3 份与 a 中相同浓度和体积的乙酸镁溶液，做 3 次试剂空白试验。当 3 次试验结果的标准偏差小于 0.003g 时，取算术平均值作为空白值。若标准偏差大于或等于 0.003g 时，应重新做空白值试验。

②淀粉类食品：将坩埚置于高温炉口或电热板上，半盖坩埚盖，小心加热使样品在通气情况下完全炭化至无烟，即刻将坩埚放入高温炉内，将温度升高至（900 ± 25）℃，保持此温度直至剩余的炭全部消失为止，一般 1h 可灰化完毕，冷却至 200℃左右，取出，放入干燥器中冷却 30min，称量前如发现灼烧残渣有炭粒时，应向试样中滴入少许水湿润，使结块松散，蒸干水分再次灼烧至无炭粒即表示灰化完全，方可称量。重复灼烧至前后两次称量相差不超过 0.5mg 为恒重。

③其他食品：液体和半固体试样应先在沸水浴上蒸干。固体或蒸干后的试样，先在电热板上以小火加热使试样充分炭化至无烟，然后置于高温炉中，在（550 ± 25）℃灼烧 4h。冷却至 200℃左右，取出，放入干燥器中冷却 30min，称量前如发现灼烧残渣有炭粒时，应向试样中滴入少许水湿润，使结块松散，蒸干水分再次灼烧至无炭粒即表示灰化完全，方可称量。重复灼烧至前后两次称量相差不超过 0.5mg 为恒重。

6. **结果计算**

（1）以试样质量计

①加了乙酸镁溶液的试样中灰分的含量，按式 5-11 计算：

$$X_1 = \frac{m_1 - m_2 - m_0}{m_3 - m_2} \times 100 \tag{5-11}$$

式中：$X1$——加了乙酸镁溶液试样中灰分的含量，g/100g；

m_1——坩埚和灰分的质量，g；

m_2——坩埚的质量，g；

$m0$——氧化镁（乙酸镁灼烧后生成物）的质量，g；

m_3——坩埚和试样的质量，g；

100——单位换算系数。

②未加乙酸镁溶液的试样中灰分的含量，按式 5-12 计算：

$$X_2 = \frac{m_1 - m_2}{m_3 - m_2} \times 100 \tag{5-12}$$

式中：X_2——未加乙酸镁溶液的试样中灰分的含量，g/100g；

m_1——坩埚和灰分的质量，g；

m_2——坩埚的质量，g；

m_3——坩埚和试样的质量，g；

100——单位换算系数。

（2）以干物质计

①加了乙酸镁溶液的试样中灰分的含量，按式 5-13 计算：

$$X_1 = \frac{m_1 - m_2 - m_0}{(m_3 - m_2) \times \omega} \times 100 \tag{5-13}$$

式中：X_1——加了乙酸镁溶液试样中灰分的含量，g/100g；

m_0——氧化镁（乙酸镁灼烧后生成物）的质量，g；

m_1——坩埚和灰分的质量，g；

m_2——坩埚的质量，g；

m_3——坩埚和试样的质量，g；

ω——试样干物质含量（质量分数），%；

100——单位换算系数。

②未加乙酸镁溶液的试样中灰分的含量，按式 5-14 计算：

$$X_2 = \frac{m_1 - m_2}{(m_3 - m_2) \times \omega} \times 100 \tag{5-14}$$

式中：X_2——未加乙酸镁溶液的试样中灰分的含量，g/100g；

m_1——坩埚和灰分的质量，g；

m_2——坩埚的质量，g；

m_3——坩埚和试样的质量，g；

ω——试样干物质含量（质量分数），%；

100——单位换算系数。

试样中灰分含量≥10g/100g 时，保留三位有效数字；灰分含量＜10g/100g 时，保留两位有效数字。在重复条件下获得的两次独立测定结果的绝对差值不得超过算术平均值的 5%。

二、钙的测定

1. 原理

试样经消解处理后，加入镧溶液作为释放剂，经原子吸收火焰原子化，在 422.7nm 处测定的吸光度值在一定浓度范围内与钙含量成正比，与标准系列比较定量。

2. 试剂和材料

（1）试剂　硝酸（HNO_3）、高氯酸（$HClO_4$）、盐酸（HCl）、氧化镧（$La2O_3$）。

（2）试剂配制

①硝酸溶液（5+95）：量取 50mL 硝酸，与 950mL 水混合均匀。

②硝酸溶液（1+1）：量取 500mL 硝酸，与 500mL 水混合均匀。

③盐酸溶液（1+1）：量取 500mL 盐酸，与 500mL 水混合均匀。

④镧溶液（20g/L）：称取 23.45g 氧化镧，先用少量水湿润后再加入 75mL 盐酸溶液（1+1）溶解，转入 1000mL 容量瓶中，加水定容至刻度，混匀。

（3）标准品

碳酸钙（$CaCO_3$，CAS 号 471—34—1）：纯度＞99.99%，或经国家认证并授予标准物质证书的一定浓度的钙标准溶液。

（4）标准溶液的配制

①钙标准储备液（1000mg/L）：准确称取2.4963g（精确至0.0001g）碳酸钙，加盐酸溶液（1+1）溶解，移入1000mL容量瓶中，加水定容至刻度，混匀。

②钙标准中间液（100mg/L）：准确吸取钙标准储备液（1000mg/L）10mL于1000mL容量瓶中，加硝酸溶液（5+95）至刻度，混匀。

③钙标准系列溶液：分别吸取钙标准中间液（100mg/L）0、0.500mL、1.00mL、2.00mL、4.00mL、6.00mL于100mL容量瓶中，另在各容量瓶中加入5mL镧溶液（20g/L），最后加硝酸溶液（5+95）定容至刻度，混匀。此钙标准系列溶液中钙的质量浓度分别为0、0.500mg/L、1.00mg/L、2.00mg/L、4.00mg/L和6.00mg/L。

注：可根据仪器的灵敏度及样品中钙的实际含量确定标准溶液系列中元素的具体浓度。

3. 仪器设备

（1）原子吸收光谱仪　配火焰原子化器，钙空心阴极灯。

（2）分析天平　感量为1mg和0.1mg。

（3）微波消解系统　配聚四氟乙烯消解内罐。

（4）可调式电热炉和可调式电热板。

（5）压力消解罐　配聚四氟乙烯消解内罐。

（6）恒温干燥箱和马弗炉。

所有玻璃器皿及聚四氟乙烯消解内罐均需硝酸溶液（1+5）浸泡过夜，用自来水反复冲洗，最后用水冲洗干净。

4. 检测步骤

（1）试样制备　在采样和试样制备过程中，应避免试样污染。

①粮食、豆类样品：样品去除杂物后，粉碎，贮于塑料瓶中。

②蔬菜、水果、鱼类、肉类等样品：样品用水洗净，晾干，取可食部分，制成匀浆，贮于塑料瓶中。

③饮料、酒、醋、酱油、食用植物油、液态乳等液体样品：将样品摇匀。

（2）试样消解

①湿法消解：准确称取固体试样0.200 ～ 3.000g（精确至0.001g）或准确移取液体试样0.50 ～ 5.00mL于带刻度消化管中，加入10mL硝酸、0.5mL

高氯酸，在可调式电热炉上消解（参考条件：120℃/0.5h ~ 120℃/1h、升至180℃/2h ~ 180℃/4h、升至200 ~ 220℃）。若消化液呈棕褐色，再加硝酸，消解至冒白烟，消化液呈无色透明或略带黄色。取出消化管，冷却后用水定容至25mL，再根据实际测定需要稀释，并在稀释液中加入一定体积的镧溶液（20g/L），使其在最终稀释液中的浓度为1g/L，混匀备用，此为试样待测液。同时做试剂空白试验。亦可采用锥形瓶，于可调式电热板上，按上述操作方法进行湿法消解。

②微波消解：准确称取固体试样0.200 ~ 0.800g（精确至0.001g）或准确移取液体试样0.500 ~ 3.00mL于微波消解罐中，加入5mL硝酸，按照微波消解的检测步骤消解试样，消解条件参考表5-2。冷却后取出消解罐，在电热板上于140℃ ~ 160℃赶酸至1mL左右。消解罐放冷后，将消化液转移至25mL容量瓶中，用少量水洗涤消解罐2 ~ 3次，合并洗涤液于容量瓶中并用水定容至刻度。根据实际测定需要稀释，并在稀释液中加入一定体积镧溶液（20g/L）使其在最终稀释液中的浓度为1g/L，混匀备用，此为试样待测液。同时做试剂空白试验。

表5-2 微波消解升温程序参考条件

步骤	设定温度/℃	升温时间/min	恒温时间/min
1	120	5	5
2	160	5	10
3	180	5	10

③压力罐消解：准确称取固体试样0.2 ~ 1g（精确至0.001g）或准确移取液体试样0.50 ~ 5.00mL于消解内罐中，加入5mL硝酸。盖好内盖，旋紧不锈钢外套，放入恒温干燥箱，于140℃ ~ 160℃下保持4 ~ 5h。冷却后缓慢旋松外罐，取出消解内罐，放在可调式电热板上于140℃ ~ 160℃赶酸至1mL左右。冷却后将消化液转移至25mL容量瓶中，用少量水洗涤内罐和内盖2 ~ 3次，合并洗涤液于容量瓶中并用水定容至刻度，混匀备用。根据实际测定需要稀释，并在稀释液中加入一定体积的镧溶液（20g/L），使其在最终稀释液中的浓度为1g/L，混匀备用，此为试样待测液。同时做试剂空白试验。

④干法灰化：准确称取固体试样0.500 ~ 5.000g（精确至0.001g）或准确移取液体试样0.50 ~ 10.0mL于坩埚中，小火加热，炭化至无烟，转移至马弗炉中，于550℃灰化3 ~ 4h。冷却，取出。对于灰化不彻底的试样，加

数滴硝酸，小火加热，小心蒸干，再转入 550℃马弗炉中，继续灰化 1 ~ 2h，至试样呈白灰状，冷却，取出，用适量硝酸溶液（1+1）溶解转移至刻度管中，用水定容至 25mL。根据实际测定需要稀释，并在稀释液中加入一定体积的镧溶液，使其在最终稀释液中的浓度为 1g/L，混匀备用，此为试样待测液。同时做试剂空白试验。

（3）仪器参考条件　如表 5-3 所示。

表 5-3　火焰原子吸收光谱法参考条件

元素	波长 /nm	狭缝 /nm	灯电流 /nA	燃烧头高度 /mm	空气流量 /（min）	乙炔流量 /min
钙	422.7	1.3	5 ~ 15	3	9	2

（4）标准曲线的制作　将钙标准系列溶液按浓度由低到高的顺序分别导入火焰原子化器，测定吸光度值，以标准系列溶液中钙的质量浓度为横坐标，相应的吸光度值为纵坐标，制作标准曲线。

（5）试样溶液的测定　在与测定标准溶液相同的实验条件下，将空白溶液和试样待测液分别导入原子化器，测定相应的吸光度值，与标准系列比较定量。

5. 结果计算

$$X = \frac{(\rho - \rho_0) \times f \times V}{m} \tag{5-15}$$

式中：X——试样中钙的含量，mg/kg 或 mg/L；

ρ——试样待测液中钙的质量浓度，mg/L；

ρ_0——空白溶液中钙的质量浓度，mg/L；

f——试样消化液的稀释倍数；

V——试样消化液的定容体积，mL；

m——试样质量或移取体积，g 或 mL。

当钙含量≥ 10mg/kg 或 10mg/L 时，计算结果保留三位有效数字，当钙含量＜ 10mg/kg 或 10mg/L 时，计算结果保留两位有效数字。

6. 说明

本法采用国家标准方法，本标准规定了食品中钙含量测定的火焰原子吸收光谱法、滴定法、电感耦合等离子体发射光谱法和电感耦合等离子体质谱法。本标准适用于食品中钙含量的测定，此处介绍的是第一法。在重复性条件下获得的两次独立测定结果的绝对差值不得超过算术平均值的 10%。以称样量 0.5g（或 0.5mL），定容至 25mL 计算，方法检出限为 0.5mg/kg（或 0.5mg/L），定量限为 1.5mg/kg（或 1.5mg/L）。

三、铁的测定

1. 原理

试样消解后，经原子吸收火焰原子化，在 248.3nm 处测定吸光度值。在一定浓度范围内铁的吸光度值与铁含量成正比，与标准系列比较定量。

2. 试剂和材料

除非另有说明，本方法所用试剂均为优级纯，水为规定的二级水。

（1）试剂　硝酸（HNO_3）、高氯酸（$HClO_4$）、硫酸（H_2SO_4）。

（2）试剂配制

①硝酸溶液（5+95）：量取 50mL 硝酸，倒入 950mL 水中，混匀。

②硝酸溶液（1+1）：量取 250mL 硝酸，倒入 250mL 水中，混匀。

③硫酸溶液（1+3）：量取 50mL 硫酸，缓慢倒入 150mL 水中，混匀。

（3）标准品　硫酸铁铵[$NH_4Fe(SO_4)2 \cdot 12H_2O$，CAS 号 7783—83—7]：纯度＞ 99.99%。或一定浓度经国家认证并授予标准物质证书的铁标准溶液。

（4）标准溶液配制

①铁标准储备液（1000mg/L）：准确称取 0.8631g（精确至 0.0001g）硫酸铁铵，加水溶解，加 1mL 硫酸溶液（1+3），移入 100mL 容量瓶，加水定容至刻度。混匀。此铁溶液质量浓度为 1000mg/L。

②铁标准中间液（100mg/L）：准确吸取铁标准储备液（1000mg/L）10mL 于 1000mL 容量瓶中，加硝酸溶液（5+95）定容至刻度，混匀。此铁溶液质量浓度为 100mg/L。

③铁标准系列溶液：分别准确吸取铁标准中间液（100mg/L）0、0.50 m L、1.00 m L、2.00 m L、4.00 m L、6.00mL 于 100mL 容量瓶中，加硝酸溶液（5+95）定容至刻度，混匀。此铁标准系列溶液中铁的质量浓度分别为 0、0.50 m g/L、1.00 m g/L、2.00 m g/L、4.00 m g/L、6.00mg/L。

注：可根据仪器的灵敏度及样品中铁的实际含量确定标准溶液系列中铁的具体浓度。

3. 仪器设备

（1）原子吸收光谱仪：配火焰原子化器，铁空心阴极灯。

（2）分析天平：感量 0.1mg 和 1mg。

（3）微波消解仪：配聚四氟乙烯消解内罐。

（4）可调式电热炉、可调式电热板、恒温干燥箱、马弗炉。

（5）压力消解罐：配聚四氟乙烯消解内罐。

所有玻璃器皿及聚四氟乙烯消解内罐均需硝酸溶液（1+5）浸泡过夜，用自来水反复冲洗，最后用水冲洗干净。

4. 检测步骤

（1）试样制备　在采样和制备过程中，应避免试样污染。

①粮食、豆类样品：样品去除杂物后，粉碎，贮于塑料瓶中。

②蔬菜、水果、鱼类、肉类等样品：样品用水洗净，晾干，取可食部分，制成匀浆，贮于塑料瓶中。

③饮料、酒、醋、酱油、食用植物油、液态乳等液体样品：将样品摇匀。

（2）试样消解

①湿法消解：准确称取固体试样 0.5 ~ 3g（精确至 0.001g）或准确移取液体试样 1.00 ~ 5.00mL 于带刻度消化管中，加入 10mL 硝酸和 0.5mL 高氯酸，在可调式电热炉上消解（参考条件：120℃ /0.5h ~ 120℃ /h、升至 180℃ /2h ~ 180℃ /4h、升至 200 ~ 220℃）。若消化液呈棕褐色，再加硝酸，消解至冒白烟，消化液呈无色透明或略带黄色，取出消化管，冷却后将消化液转移至 25mL 容量瓶中，用少量水洗涤 2 ~ 3 次，合并洗涤液于容量瓶中并用水定容至刻度，混匀备用。同时做试样空白试验。亦可采用锥形瓶，于可调式电热板上，按上述操作方法进行湿法消解。

②微波消解：准确称取固体试样 0.2 ~ 0.8g（精确至 0.001g）或准确移取液体试样 1.00 ~ 3.00mL 于微波消解罐中，加入 5mL 硝酸，按照微波消解的检测步骤消解试样，消解条件如表 5-4 所示。冷却后取出消解罐，在电热板上于 140℃ ~ 160℃赶酸至 1.0mL 左右。冷却后将消化液转移至 25mL 容量瓶中，用少量水洗涤内罐和内盖 2 ~ 3 次，合并洗涤液于容量瓶中并用水定容至刻度，混匀备用。同时做试样空白试验。

表 5-4　微波消解升温参考条件

步骤	设定温度 /℃	升温时间 /min	恒温时间 /min
1	120	5	5
2	160	5	10
3	180	5	10

③压力罐消解：准确称取固体试样 0.3 ~ 2g（精确至 0.001g）或准确移取液体试样 2.00 ~ 5.00mL 于消解内罐中，加入 5mL 硝酸。盖好内盖，旋紧不锈钢外套，放入恒温干燥箱，于 140℃ ~ 160℃下保持 4 ~ 5h。冷却后缓慢旋松外罐，取出消解内罐，放在可调式电热板上于 140℃ ~ 160℃赶酸至 1.0mL 左右。冷却后将消化液转移至 25mL 容量瓶中，用少量水洗涤内罐和内盖 2 ~ 3 次，合并洗涤液于容量瓶中并用水定容至刻度，混匀备用。同时做试样空白试验。

④干法消解：准确称取固体试样 0.5 ~ 3g（精确至 0.001g）或准确移取液体试样 2.00 ~ 5.00mL 于坩埚中，小火加热，炭化至无烟，转移至马弗炉中，于 550℃灰化 3 ~ 4h。冷却，取出，对于灰化不彻底的试样，加数滴硝酸，小火加热，小心蒸干，再转入 550℃马弗炉中，继续灰化 1 ~ 2h，至试样呈白灰状，冷却，取出，用适量硝酸溶液（1+1）溶解，转移至 25mL 容量瓶中，用少量水洗涤内罐和内盖 2 ~ 3 次，合并洗涤液于容量瓶中并用水定容至刻度。同时做试样空白试验。

（3）测定

①仪器测试条件如表 5-5 所示。

表 5-5　火焰原子吸收光谱法参考条件

元素	波长 /nm	狭缝 /nm	灯电流 /nA	燃烧头高度 /mm	空气流量 /min）	乙炔流量 /min
钙	248.3	0.2	5 ~ 15	3	9	2

②标准曲线的制作：将标准系列工作液按质量浓度由低到高的顺序分别导入火焰原子化器，测定其吸光度值。以铁标准系列溶液中铁的质量浓度为横坐标，以相应的吸光度值为纵坐标，制作标准曲线。

③试样测定：在与测定标准溶液相同的实验条件下，将空白溶液和样品溶液分别导入原子化器，测定吸光度值，与标准系列比较定量。

5. 结果计算

$$X=\frac{(\rho-\rho_0)\times V}{m} \tag{5-16}$$

式中：X——试样中铁的含量，mg/kg 或 mg/L；

ρ——测定样液中铁的质量浓度，mg/L；

ρ_0——空白液中铁的质量浓度，mg/L；

V——试样消化液的定容体积，mL；

m——试样称样量或移取体积，g 或 mL。

当铁含量≥ 10.0mg/kg 或 10.0mg/L 时，计算结果保留三位有效数字；当铁含量＜ 10.0mg/kg 或 10.0mg/L 时，计算结果保留 2 位有效数字。

6. 说明

本法采用国家标准方法，本标准规定了食品中铁含量测定的火焰原子吸收光谱法、电感耦合等离子体发射光谱法和电感耦合等离子体质谱法。本标准适用于食品中铁含量的测定，此处介绍的是第一法。在重复性条件下获得的两次独立测定结果的绝对差值不得超过算术平均值的 10%。当称样量为 0.5g（或 0.5mL），定容体积为 25mL 时，方法检出限为 0.75mg/kg（或 0.75mg/L），定量限为 2.5mg/kg（或 2.5mg/L）。

四、锌的测定（原子吸收光谱法）

1. 原理

试样经处理后，导入原子吸收分光光度计中，原子化后，吸收 213.8nm 共振线，其吸收值与锌含量成正比，与标准系列比较定量。

2. 试剂

（1）磷酸溶液（1 ∶ 10）、盐酸（1 ∶ 11）、混合酸［硝酸∶高氯酸（4 ∶ 1）］。

（2）锌标准贮备液　准确称取 0.500g 金属锌（99.99%），溶于 10mL 盐酸中，在水浴上蒸发至近干，用少量水溶解后移入 1000mL 容量瓶中，用水稀释至刻度，储存于聚乙烯瓶中，此溶液锌含量为 0.50mg/mL。

（3）锌标准使用液　吸取 10.0mL 锌标准贮备液于 50mL 容量瓶中，用盐酸溶液（0.1mol/L）稀释至刻度，此溶液锌含量为 100.0μg/mL。

3. 仪器设备

原子吸收分光光度计。

4. **操作方法**

（1）样品处理

①谷类：除去其中杂物及尘土，必要时除去外壳，磨碎，过孔径为0.38mm分样筛，混匀。称取5.00 ~ 10.00g置于50mL瓷坩埚中，小火炭化至无烟后移入马弗炉中，（500±25）℃灰化约8h后，取出坩埚，放冷后再加入少量混合酸，小火加热（不能干涸），必要时加少许混合酸，如此反复，直至残渣中无炭粒，待坩埚稍冷，加10mL盐酸（1 ： 11）溶解残渣并移入50mL容量瓶中，再用盐酸（1 ： 11）反复洗涤坩埚，洗液并入容量瓶中，稀释至刻度，混匀备用。

取与样品处理相同量的混合酸和盐酸（1 ： 11），按相同的操作方法做试剂空白试验。

②蔬菜、瓜果及豆类：取可食部分洗净晾干，充分切碎或打碎，混匀。称取10.00 ~ 20.00g于瓷坩埚中，加1mL磷酸（1 ： 10），小火炭化至无烟后移入马弗炉中，以下同谷类中操作。

③禽、蛋、水产及乳制品：取可食部分充分混匀。称取5.00 ~ 10.00g于瓷坩埚中，小火炭化至无烟后移入马弗炉中，以下同谷类中操作。

乳制品类经混匀后，量取50mL于瓷坩埚中，加1mL磷酸（1：10），在水浴上蒸干，小火炭化至无烟后移入马弗炉中，以下同谷类中操作。

（2）测定　吸取0、0.10mL、0.20mL、0.40mL、0.80mL锌标准使用液，分别置于50mL容量瓶中，用盐酸（1：11）稀释至刻度，混匀（各容量瓶中锌的含量为0、0.2μg/mL、0.4μg/mL、0.8μg/mL、1.6μg/mL）。

将处理后的样液、试剂空白液和锌标准溶液分别导入调至最佳条件的火焰原子化器进行测定。参考测定条件：灯电流6mA，波长213.8nm，狭缝0.38nm，空气流量10L/min，乙炔流量2.3L/min，灯头高度3nm，氘灯背景校正，以锌含量对应吸光值与标准曲线比较或代入方程求出含量。

5. **结果计算**

$$X=\frac{(\rho_1-\rho_2)\times V\times 1000}{m\times 1000} \tag{5-17}$$

式中：X——样品中锌的含量，mg/kg或mg/L；

ρ_1——试样溶液中锌的含量，μg/mL；

ρ_2——试剂空白液中锌的含量，μg/mL；

V——样品处理液的总体积，mL；

m——样品质量（固体为 g，液体为 mL）。

计算结果保留两位有效数字。

6. 说明

本法采用国家标准方法，本标准规定了食品中锌含量测定方法，适用于食品中锌含量的测定，本方法检出限：原子吸收法为 0.4mg/kg；二硫腙比色法为 2.5mg/kg，此处介绍的是第一法。在重复性条件下获得的两次独立测定结果的绝对差值不得超过算术平均值的 10%。

五、硒的测定

（一）荧光法

1. 原理

样品经混合酸消化后，硒化合物被氧化为四价无机硒（Se^{4+}），与 2，3 —二氨基萘（2，3 — Diaminonaphtkhalene，简称 DAN）反应生成 4，5 —苯并苤硒脑（4，5 — Benzo piaselenol），其荧光强度与硒的浓度在一定条件下成正比。用环己烷萃取后于激发光波长 376nm，发射光波长 520nm 处测定荧光强度，与绘制的标准曲线比较定量。本方法检出限为 3ng。

2. 试剂

除非另有规定，本方法所使用试剂均为分析纯，水为规定的三级水。

（1）硒标准溶液

准确称取元素硒（光谱纯）100.0mg，溶于少量浓硝酸中，加入 2mL 高氯酸（70% ~ 72%），至沸水浴中加热 3 ~ 4h，冷却后加入 8.4mL HCl（盐酸浓度为 0.1mol/L）。再置沸水浴中煮 2min。准确稀释至 1000mL，此为储备液（Se 含量：100μg/mL）。使用时用 0.1mol/L 盐酸将储备液稀释至每毫升含 0.05μg 硒。于冰箱内保存，两年内有效。

（2）DAN 试剂（1.0g/L）此试剂在暗室内配制

称取 DAN（纯度 95% ~ 98%）200mg 于一带盖锥形瓶中，加入 0.1mol/L 盐酸 200mL，振摇约 15min 使其全部溶解。加入约 40mL 环己烷，继续振荡 5min。将此液倒入塞有玻璃棉（或脱脂棉）的分液漏斗中，待分层后滤去环己烷层，收集 DAN 溶液层，反复用环己烷纯化直至环己烷中荧光降至最低时为止（纯化 5 ~ 6 次）。将纯化后的 DAN 溶液贮于棕色瓶中，加入约 1cm 厚的环己烷覆盖表层，至冰箱内保存。必要时在使用前再以环己烷纯化一次。

警告：此试剂有一定毒性，使用本试剂的人应有正规实验室工作经验。使用者有责任采取适当的安全和健康措施，并保证符合国家有关规定的条例。

（3）混合酸

将硝酸与高氯酸按 9 ∶ 1 体积混合。

（4）去硒硫酸

取浓硫酸 200mL 缓慢倒入 200mL 水中，再加入 48% 氢溴酸 30mL，混匀，至沙浴上加热至出现白浓烟，此时体积应为 200mL。

（5）EDTA 混合液

① EDTA 溶液（0.2mol/L）：称取 EDTA 二钠盐 37g，加水并加热至完全溶解，冷却后稀释至 500mL。

②盐酸羟胺溶液（100g/L）：称取 10g 盐酸羟胺溶于水中，稀释至 100mL。

③甲酚红指示剂（0.2g/L）：称取甲酚红 50mg 溶于少量水中，加氨水（1+1）1 滴，待完全溶解后加水稀释至 250mL。

④取 EDTA 溶液（0.2mo/L）及盐酸羟胺溶液（100g/L）各 50mL，加甲酚红指示剂（0.2g/L）5mL，用水稀释至 1L，混匀。

（6）氨水（1 ∶ 1）。

（7）盐酸（1 ∶ 9）。

（8）环己烷　需先测试有无荧光杂质，否则重蒸后使用，用过的环己烷可回收，重蒸后再使用。

3. 仪器设备

（1）荧光分光光度计。

（2）天平　感量为 1mg。

（3）烘箱、粉碎机、电热板、水浴锅。

4. 检测步骤

（1）样品处理

①粮食：试样用水洗三次，置 60℃烤箱中烘去表面水分，用粉碎机粉碎，贮于塑料瓶内，放一小包樟脑精，盖紧瓶塞保存，备用。

②蔬菜及其他植物性食物：取可食部，用蒸馏水冲洗三次后，用纱布吸去水滴，不锈钢刀切碎，取一定量试样在烘箱中于60℃烤干，称重，计算水分。粉碎，备用。

计算时应折合成鲜样重。

③其他固体试样：粉碎、混匀试样，备用。

④液体试样：混匀试样，备用。

（2）试样消化

称含硒量为 0.01 ~ 0.5μg 的粮食或蔬菜及动物性试样 0.5 ~ 2g（精确至 0.001g），液体试样吸取 1.00 ~ 10.00mL 于磨口锥形瓶内，加 10mL 5% 去硒硫酸，待试样湿润后，再加 20mL 混合酸液放置过夜，次日置电热板上逐渐加热。当剧烈反应发生后，溶液呈无色，继续加热至白烟产生，此时溶液逐渐变成淡黄色，即达终点。某些蔬菜试样消化后出现浑浊，以致难以确定终点，这时可注意瓶内出现滚滚白烟，此刻立即取下，溶液冷却后又变为无色。有些含硒较高的蔬菜含有较多的 Se^{6+}，需要在消化完成后再加 10mL 10% 盐酸，继续加热，使再回终点，以完全还原 Se6+ 为 Se4+，否则结果将偏低。

（3）测定

上述消化后的试样溶液加入 20.0mL EDTA 混合液，用氨水（1∶1）及盐酸（1∶9）调至淡红橙色（pH1.5 ~ 2.0）。以下步骤在暗室操作：加 DAN 试剂（1.0g/L）3.0mL，混匀后，置沸水浴中加热 5min，取出冷却后，加环己烷 3.0mL，振摇 4min，将全部溶液移入分液漏斗，待分层后弃去水层，小心将环己烷层由分液漏斗上口倾入带盖试管中，勿使环己烷中混入水滴，于荧光分光光度计上用激发光波长 376nm、发射光波长 520nm 测定 4，5 —苯并苤硒脑的荧光强度。

（4）硒标准曲线绘制

准确量取标准硒溶液（0.05μg/mL）0、0.20mL、1.00mL、2.00mL、4.00mL，相当于 0、0.01μg、0.05μg、0.10μg、0.20μg 硒，加水至 5.0mL 后，按试样检测步骤同时进行测定。

当硒含量在0.5μg以下时荧光强度与硒含量呈线性关系，在常规测定试样时，每次只需做试剂空白与试样硒含量相近的标准管（双份）即可。

5. 结果计算

$$X=\frac{m_1}{F_1-F_0}\times\frac{F_2-F_0}{m} \tag{5-18}$$

式中：X——试样中硒含量，μg/g或μg/mL；

m_1——试管中硒的质量，μg；

F_1——标准硒荧光读数；

F_2——试样荧光读数；

F_0——空白管荧光读数；

m——试样质量，g或mL。

以重复性条件下获得的两次独立测定结果的算术平均值表示，结果保留三位有效数字。在重复性条件下获得的两次独立测定结果的绝对差值不得超过算术平均值的10%。

（二）氢化物原子荧光光谱法

1. 原理

试样经酸加热消化后，在6mol/L盐酸介质中，将试样中的六价硒还原成四价硒，用硼氢化钠或硼氢化钾作还原剂，将四价硒在盐酸介质中还原成硒化氢（H_2Se），由载气（氩气）带入原子化器中进行原子化，在硒空心阴极灯照射下，基态硒原子被激发至高能态，在去活化回到基态时，发射出特征波长的荧光，其荧光强度与硒含量成正比。与标准系列比较定量。

2. 试剂

除另有规定外，本方法所使用试剂均为分析纯，水为规定的三级水。

（1）硝酸、高氯酸、盐酸、氢氧化钠等，均为优级纯。

（2）混合酸 将硝酸与高氯酸按9 ∶ 1体积混合。

（3）硼氢化钠溶液（8g/L）称取8.0g硼氢化钠（$NaBH_4$），溶于氢氧化钠溶液（5g/L）中，然后定容至1000mL，混匀。

（4）铁氰化钾（100g/L）称取10.0g铁氰化钾{$K_3[Fe(CN)_6]$}，溶于100mL水中，混匀。

（5）硒标准储备液　精确称取100.0mg硒（光谱纯），溶于少量硝酸中，加2mL高氯酸，置沸水浴中加热3 ~ 4h，冷却后再加8.4mL盐酸，再置沸水浴中煮2min，准确稀释至1000mL，其盐酸浓度为0.1mol/L，此储备液浓度为每毫升相当于100μg硒。

（6）硒标准应用液　取100μg/mL硒标准储备液1.0mL，定容至100mL，此应用液浓度为1μg/mL。

注：也可购买该元素有证国家标准溶液。

（7）盐酸（6mol/L）量取50mL盐酸（优级纯）缓慢加入40mL水中，冷却后定容至100mL。

（8）过氧化氢（30%）。

3. 仪器设备

（1）原子荧光光谱仪，带硒空心阴极灯。

（2）电热板、粉碎机、烘箱。

（3）微波消解系统。

（4）天平　感量为1mg。

4. 检测步骤

（1）样品处理

①粮食：试样用水洗三次，于60℃烘干，粉碎，贮于塑料瓶内，备用。

②蔬菜及其他植物性食物：取可食部位用水洗净后用纱布吸去水滴，打成匀浆后备用。

③其他固体试样：粉碎，混匀，备用。

④液体试样：混匀，备用。

⑤试样消解

a. 电热板加热消解：称取0.5 ~ 2g（精确至0.001g）试样，液体试样吸取1.00 ~ 10.00mL，置于消化瓶中，加10.0mL混合酸及几粒玻璃珠，盖上表面皿冷消化过夜。次日于电热板上加热，并及时补加硝酸。当溶液变为清亮无色并伴有白烟时，再继续加热至剩余体积2mL左右，切不可蒸干。冷却，再加5.0mL盐酸（6mol/L），继续加热至溶液变为清亮无色并伴有白烟出现，将六价硒还原成四价硒。冷却，转移至50mL容量瓶中定容，混匀备用。同时做空白试验。

b. 微波消解：称取 0.5 ~ 2g（精确至 0.001g）试样于消化管中，加 10mL 硝酸、2mL 过氧化氢，振摇混合均匀，于微波消化仪中消化，其消化推荐条件如表 5-6 所示（可根据不同的仪器自行设定消解条件）。

表 5–6　微波消化推荐条件

阶段	功率 /W		程序升温时间 /min	温度 /℃	持续时间 /min
1	1600	100%	6	120℃	1
2	1600	100%	3	120℃	5
3	1600	100%	5	120℃	10

冷却后转入三角瓶中，加几粒玻璃珠，在电热板上继续加热至近干，切不可蒸干。再加 5.0mL 盐酸（6mol/L），继续加热至溶液变为清亮无色并伴有白烟出现，将六价硒还原成四价硒。冷却，转移试样消化液于 25mL 容量瓶中定容，混匀备用。同时做空白试验。

吸取 10.0mL 试样消化液于 15mL 离心管中，加盐酸（优级纯）2.0mL，铁氰化钾溶液（100g/L）1.0mL，混匀待测。

（2）标准曲线的配制

分别取 0、0.10mL、0.20mL、0.30mL、0.40mL、0.50mL 标准应用液于 15mL 离心管中用去离子水定容至 10mL，再分别加盐酸（优级纯）2mL，铁氰化钾溶液（100g/L）1.0mL，混匀，制成标准工作曲线。

（3）测定

①仪器参考条件：负高压：340V；灯电流：100mA；原子化温度：800℃；炉高：8mm；载气流速：500mL/min；屏蔽气流速：1000mL/min；测量方式：标准曲线法；读数方式：峰面积；延迟时间：1s；读数时间：15s；加液时间：8s；进样体积：2mL。

②测定：设定好仪器最佳条件，逐步将炉温升至所需温度后，稳定 10 ~ 20min 后开始测量。连续用标准系列的零管进样，待读数稳定之后，转入标准系列测量，绘制标准曲线。转入试样测量，分别测定试样空白和试样消化液，每次测不同的试样前都应清洗进样器。

5. 结果计算

$$X=\frac{(\rho-\rho_0)\times V\times 1000}{m\times 1000\times 1000} \tag{5-19}$$

式中：X——试样中硒的含量，mg/kg 或 mg/L；

ρ——试样消化液测定浓度，ng/mL；

ρ_0——试样空白消化液测定浓度，ng/mL；

m——试样质量或体积，g 或 mL；

V——试样消化液总体积，mL。

以重复性条件下获得的两次独立测定结果的算术平均值表示，结果保留三位有效数字。在重复性条件下获得的两次独立测定结果的绝对差值不得超过算术平均值的 10%。

六、钙、铁、锌、硒的同时测定（电感耦合等离子体质谱法）

1. 原理

试样经硝酸—过氧化氢消解，进行 ICP — MS 测定。ICP — MS 由离子源和质谱仪两个主要部分构成，试样溶液经过雾化由载气送入 ICP 炬焰中，经过蒸发、解离、原子化、电离等过程，转化为带正电荷的离子，经离子采集系统进入质谱仪，质谱仪根据质核比进行分离。对于一定质核比，质谱积分面积与进入质谱仪中的离子数成正比，即试样中元素浓度与质谱的积分面积成正比。与标准系列比较定量。

2. 试剂

（1）硝酸（70g/mL，质量浓度）MOS 级高纯试剂。

（2）硝酸（2∶98，体积比）取 20mL 硝酸慢慢加入 980mL 超纯水中。

（3）过氧化氢（30g/mL，质量浓度）MOS 级高纯试剂。

（4）内标溶液（6Li、Sc、Ge、Y、In、Bi）10mg/L。

（5）内标溶液（6Li、Sc、Ge、Y、In、Bi）分取内标储备溶液 5mL 于 50mL 容量瓶中，用硝酸（1∶98）稀释至刻度，此溶液浓度为 1mg/L。

（6）钙、铁、锌金属元素标准储备溶液　分别为 100μg/mL。

（7）硒标准储备溶液 10μg/mL。

（8）去离子水　分析用水标准中的一级水，电阻率≥ 18.2MΩ/cm。

（9）液氩或高纯氩气（纯度≥ 99.999%）。

（10）高纯氦气（纯度≥ 99.999%）。

3. 仪器

（1）电感耦合等离子体质谱分析仪。

（2）微波消解炉、超纯水机、恒温干燥箱（300℃）。

（3）密封消解罐（聚四氟乙烯材料特制）。

4. 检测步骤

（1）试样消解

在采样和制备过程中应注意不使试样受到污染。所有玻璃器皿及消化罐均需要用（1：4）硝酸浸泡 24h，用水反复冲洗，最后用去离子水冲洗干净。

根据试样状态，一般液体试样称取 2.0 ~ 5.0g（精确至 0.01g），固体试样称取 0.5 ~ 1.0g（精确至 0.01g）。将试样置于聚四氟乙烯消化罐中，加入 4mL 硝酸（70%，质量浓度），浸泡 1h，再加入 1mL 过氧化氢（30%，质量浓度），盖上密封盖，放入恒温干燥箱或微波消解炉中，调节恒温干燥箱温度 140℃ ~ 160℃加热 3 ~ 4h；微波消解炉功率和加热时间至最佳程序（如表 5-7 所示），消解结束后，冷却，将消化液转至 50mL 容量瓶中，用去离子水冲洗消化罐内壁 3 次以上，稀释至刻度，混匀，待测。可根据样品中元素实际含量适当稀释样液，确定稀释因子。

取与消化试样相同量的硝酸（70%，质量浓度）和过氧化氢（30%，质量浓度），按同一试样消解方法做试剂空白试验。

表 5–7　微波消解条件

条件	消化程序			
	1	2	3	4
控制温度 /℃	120	120	160	160
加热时间 /min	6	2	5	15

（2）标准溶液制备

分别精密移取适量四种单元素标准溶液，以硝酸（2：98）稀释，配制成含钙（Ca）10mg/L、铁（Fe）1mg/L、锌（Zn）1mg/L、硒（Se）0.5mg/L 的混合标准储备液。从混合标准储备液中分别移取适量溶液，如表 5-8 所示，置适量的容量瓶中，用 2% 硝酸稀释至刻度，摇匀，即得不同浓度标准溶液。

表 5–8　系列标准溶液浓度　　单位：mg/L

系列标准溶液	Ca	Fe、Zn	Se
1	10	1.000	0.500
2	5.0	0.500	0.250
3	1.0	0.100	0.050
4	0.2	0.050	0.025

系列标准溶液	Ca	Fe、Zn	Se
5	0.1	0.010	0.005

注：可根据样品中杂质的实际含量确定标准系列中各金属元素的具体浓度。

（3）测定

按照 ICP — MS 仪器的操作规程，调整仪器至最佳工作状态，参考条件见表 5-9；分析中应用内标，采用 ICP — MS 分析方法中内标校正定量分析方法测定。待仪器稳定后，按顺序依次对标准溶液、空白溶液和试样溶液进行测定。

表 5-9　ICP-MS 仪器参考工作条件

工作参数设置		工作参数设置	
雾化器	Babingon 高盐雾化器	雾化室	石英双通道 scott 雾化室
炬管	石英一体化，1.5mm 中心通道	雾化室温度	2℃
取样锥 / 截取锥	1.0/0.4mm（Ni）锥	载气流速	0.85Lmin
高频发射功率	1450W	混合气流量	0.28Lmin
样品提升速率	0　.1r/s	等离子气流量	15.0L/min
采样深度	7.5mm	辅助气流量	1.0L/min
样品提升量	0.4mL/min	氦气流量	5mL/min

5. **结果计算**

试样中各元素含量按下式进行计算，计算结果保留两位有效数字。在重复性条件下获得的两次独立测定结果的绝对值差值不得超过算术平均值的 20%。

$$X_i = \frac{\rho \times V \times F}{m \times 1000 \times 1000} \tag{5-20}$$

式中：X_i——分析试样中的金属元素的含量，mg/kg 或 mg/L；

ρ——分析试样溶液中被测元素的浓度（扣空白后），mg/L；

V——测试溶液的体积，mL；

F——稀释因子；

m——分析试样的质量，g 或 mL。

第四节 蛋白质总量及氨基酸测定

蛋白质是生命的物质基础，一切有生命的东西都含有不同类型的蛋白质。蛋白质又是食品的重要组成之一，也是食品中重要的营养素指标。它是复杂的含氮有机化合物，其溶液是典型的胶体分散体系，由两性氨基酸以肽键相互联接而成。蛋白质可以用酶、酸或甲硫水解，最终水解产物为氨基酸，其中赖氨酸、色氨酸、亮氨酸、异亮氨酸、苯丙氨酸、甲硫氨酸、苏氨酸和缬氨酸在人体内不能合成，被称为必需氨酸，它们对人体起很重要的生理功能作用。

食品的种类很多，其中蛋白质含量也不同，特别是其他成分，如碳水化合物、脂肪和维生素的干扰很多，因此，蛋白质的测定通常利用经典的凯氏定氮法。食品中氨基酸的测定，主要采用氨基酸自动分析仪测定法。

一、蛋白质总量测定

（一）凯氏定氮法

1. 原理

食品中的蛋白质在催化加热条件下被分解，产生的氨与硫酸结合生成硫酸铵。碱化蒸馏使氨游离，用硼酸吸收后以硫酸或盐酸标准滴定溶液滴定，根据酸的消耗量乘以换算系数，即为蛋白质的含量。

2. 试剂

浓硫酸；硫酸铜；硫酸钾；氢氧化钠溶液（400g/L）；硼酸溶液（20g/L）；甲基红指示剂；溴甲酚绿混合指示剂；亚甲基蓝指示剂；95% 乙醇；0.1000mol/L 盐酸标准溶液。

3. **仪器设备**

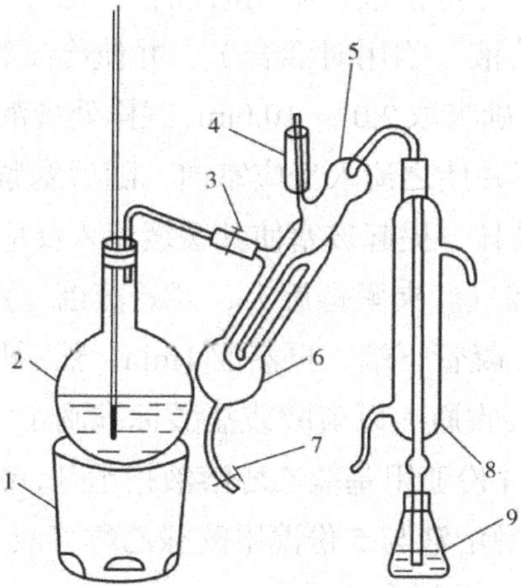

图 5–2　定氮蒸馏装置

1—电炉；2—水蒸气发生器（2L 烧瓶）；3—螺旋夹；4—小玻杯及棒状玻塞；5—反应室；6—反应室外层；7—橡皮管及螺旋夹；8—冷凝管；9—蒸馏液接收瓶

（1）天平。

（2）定氮蒸馏装置　如图 5-2 所示。

4. **操作方法**

（1）试样处理

称取充分混匀的固体试样 0.2 ~ 2g、半固体试样 2 ~ 5g 或液体试样 10 ~ 25g（相当于 30 ~ 40mg 氮），精确至 0.001g，移入干燥的 100mL、250mL 或 500mL 定氮瓶中，加入 0.2g 硫酸铜、6g 硫酸钾及 20mL 硫酸，轻摇后于瓶口放一小漏斗，将瓶以 45° 斜支于有小孔的石棉网上。小心加热，待内容物全部炭化，泡沫完全停止后，加强火力，并保持瓶内液体微沸，至液体呈蓝绿色并澄清透明后，再继续加热 0.5 ~ 1h。取下放冷，小心加入 20mL 水。放冷后，移入 100mL 容量瓶中，并用少量水洗定氮瓶，洗液并入容量瓶中，再加水至刻度，混匀备用。同时做试剂空白试验。

（2）测定

按图装好定氮蒸馏装置，向水蒸气发生器内装水至 2/3 处，加入数粒玻璃珠，加甲基红乙醇溶液数滴及数毫升硫酸，以保持水呈酸性，加热煮沸水蒸气发生器内的水并保持沸腾。

向接收瓶内加入 10.0mL 硼酸溶液及 1 ~ 2 滴混合指示液（2 份甲基红乙醇溶液与 1 份亚甲基蓝乙醇溶液，临用时混合。也可用 1 份甲基红乙醇溶液与 5 份溴甲酚绿乙醇溶液，临用时混合），并使冷凝管的下端插入液面下，根据试样中氮含量，准确吸取 2.0 ~ 10.0mL 试样处理液由小玻杯注入反应室，以 10mL 水洗涤小玻杯并使之流入反应室内，随后塞紧棒状玻塞。将 10.0mL 氢氧化钠溶液倒入小玻杯，提起玻塞使其缓缓流入反应室，立即将玻塞盖紧，并加水于小玻杯以防漏气。夹紧螺旋夹，开始蒸馏。蒸馏 10min 后移动蒸馏液接收瓶，液面离开冷凝管下端，再蒸馏 1min。然后用少量水冲洗冷凝管下端外部，取下蒸馏液接收瓶。以硫酸或盐酸标准滴定溶液滴定至终点，其中 2 份甲基红乙醇溶液与 1 份亚甲基蓝乙醇溶液指示剂，颜色由紫红色变成灰色，pH 5.4；1 份甲基红乙醇溶液与 5 份溴甲酚绿乙醇溶液指示剂，颜色由酒红色变成绿色，pH 5.1。同时作试剂空白。

5. 结果计算

试样中蛋白质的含量按下式计算

$$X=\frac{(V_1-V_2)\times c\times 0.0140}{m\times V_3/100}\times F\times 100 \tag{5-21}$$

式中：X——试样中蛋白质的含量，g/100g；

V_1——试液消耗硫酸或盐酸标准滴定液的体积，mL；

V_2——试剂空白消耗硫酸或盐酸标准滴定液的体积，mL；

V_3——吸取消化液的体积，mL；

c——硫酸或盐酸标准滴定溶液浓度，mol/L；0.0140——1.0mL 硫酸［c（$1/2H_2SO_4$）=1.000mol/L］或盐酸［c（HCl）=1.000mol/L］标准滴定溶液相当的氮的质量，g；

m——试样的质量，g；

F——氮换算为蛋白质的系数。一般食物为 6.25；纯乳与纯乳制品为 6.38；面粉为 5.70；玉米、高粱为 6.24；花生为 5.46；大米为 5.95；大豆及其粗加工制品为 5.71；大豆蛋白制品为 6.25；肉与肉制品为 6.25；大麦、小米、燕麦、裸麦为 5.83；芝麻、向日葵为 5.30；复合配方食品为 6.25。

以重复性条件下获得的两次独立测定结果的算术平均值表示，蛋白质含量≥ 1g/100g 时，结果保留三位有效数字；蛋白质含量＜ 1g/100g 时，结果保留两位有效数字。

6. 说明及注意事项

（1）所用试剂溶液应用无氨蒸馏水配制。

（2）消化时不要用强火，应保持和缓沸腾，以免粘贴在凯氏瓶内壁上的含氮化合物在无硫酸存在的情况下消化不完全而造成氮损失。

（3）消化时应注意不时转动凯氏烧瓶，以便利用冷凝酸液将附在瓶壁上的固体残渣洗下，并促进其消化完全。

（4）样品中若含脂肪较多时，消化过程中易产生大量泡沫，为防止泡沫溢出瓶外，在开始消化时应用小火加热，并时时摇动；或者加入少量辛醇或液体石蜡或硅油消泡剂，并同时注意控制热源强度。

（5）当样品消化液不易澄清透明时，可将凯氏烧瓶冷却，加入 30% 过氧化氢 2 ~ 3mL 再继续加热消化。

（6）若取样量较大，如干试样超过 5g 可按每克试样 5mL 的比例增加硫酸用量。

（7）一般消化至呈透明后，继续消化 30min 即可，但对于含有特别难以氨化的氮化合物的样品，如含赖氨酸、组氨酸、色氨酸、酪氨酸或脯氨酸等时，需适当延长消化时间。有机物如分解完全，消化液呈蓝色或浅绿色，但含铁量多时，呈较深绿色。

（8）蒸馏装置不能漏气。

（9）蒸馏前若加碱量不足，消化液呈蓝色，不生成氢氧化铜沉淀，此时需再增加氢氧化钠用量。氢氧化铜在 70℃ ~ 90℃时发黑。

（10）蒸馏完毕后，应先将冷凝管下端提离液面清洗管口，再蒸 1min 后关掉热源。否则可能造成吸收液倒吸。

（二）分光光度法

食品中的蛋白质在催化加热条件下被分解，分解产生的氨与硫酸结合生成硫酸铵，在 pH4.8 的乙酸钠—乙酸缓冲溶液中与乙酰丙酮和甲醛反应生成黄色的 3，5 —二乙酰— 2，6 —二甲基— 1，4 —二氢化吡啶化合物。在波长 400nm 下测定吸光度值，与标准系列比较定量，结果乘以换算系数，即为蛋白质含量。

二、氨基酸的测定（氨基酸自动分析仪测定法）

本方法适用于食品中的天冬氨酸、苏氨酸、丝氨酸、谷氨酸、脯氨酸、甘氨酸、丙氨酸、缬氨酸、甲硫氨酸、异亮氨酸、亮氨酸、酪氨酸、苯丙氨酸、组氨酸、赖氨酸和精氨酸十六种氨基酸的测定。不适用于蛋白质含量低的水果、蔬菜、饮料和淀粉类食品中氨基酸测定。

1. 原理

食品中的蛋白质经盐酸水解成为游离氨基酸，经氨基酸分析仪的离子交换柱分离后，与茚三酮溶液产生颜色反应，再通过分光光度计比色测定氨基酸含量。

2. 试剂

浓盐酸；苯酚（须重蒸馏）；混合氨基酸标准液；pH_{2}.2 的柠檬酸缓冲液；pH_{3}.3 的柠檬酸钠缓冲液；pH_{4}.0 的柠檬酸钠缓冲液；茚三酮溶液；高纯氮气；冷冻剂（市售食盐与冰按 1+3 混合）。

3. 仪器设备

（1）真空泵、恒温干燥箱、真空干燥器。

（2）水解管。

（3）氨基酸自动分析仪。

4. 试样处理

试样采集后用匀浆机打成匀浆（或者将试样尽量粉碎）于低温冰箱中冷冻保存，分析用时将其解冻后使用。

5. 操作方法

（1）称样

准确称取一定量均匀的试样如乳粉，精确到 0.0001g（使试样蛋白质含量在 10 ~ 20mg 范围内）；均匀性差的试样如鲜肉等，为减少误差可适当增大称样量，测定前再稀释。将称好的试样放于水解管中。

（2）水解

在水解管内加 6mol/L 盐酸 10 ~ 15mL（视试样蛋白质含量而定），含水量高的试样（如牛乳）可加入等体积的浓盐酸，加入新蒸馏的苯酚 3 ~ 4 滴，将水解管放入冷冻剂中，冷冻 3 ~ 5min，再接到真空泵的抽气管上，抽真空（接近 0Pa），然后冲入高纯氮气；再抽真空充氮气，重复三次后，在充氮气状态下封口或拧紧螺丝盖将已封口的水解管在(110 ± 1)℃的恒温干燥箱内，水解 22h 后，取出冷却。

打开水解管，将水解液过滤后，用去离子水多次冲洗水解管，将水解液全部转移到 50mL 容量瓶内用去离子水定容。吸取滤液 1mL 于 5mL 容量瓶内，用真空干燥器在 40℃ ~ 50℃干燥，残留物用 1 ~ 2mL 水溶解，再干燥，反复进行两次，最后蒸干，用 1mL $pH_2.2$ 的缓冲液溶解，供仪器测定用。

6. **测定**

准确吸取 0.200mL 混合氨基酸标准液，用 $pH_2.2$ 的缓冲液稀释到 5mL，此标准稀释液浓度为 5.00nmol/50μL，作为上机测定用的氨基酸标准，用氨基酸自动分析仪以外标法测定试样测定液的氨基酸含量。

7. **结果计算**

按式 5-22 计算：

$$X = \frac{c \times \frac{1}{50} \times F \times V \times M}{m \times 10^9} \times 100 \tag{5-22}$$

式中：X——试样氨基酸含量，g/100g；

c——试样测定液中氨基酸含量，nmol/50μL；

F——试样稀释倍数；

V——水解后试样定容体积，mL；

M——氨基酸相对分子质量；

m——试样质量，g；

$\frac{1}{50}$——折算成每毫升试样测定的氨基酸含量，μmol/L；

10^9——将试样含量由纳克折算成克的系数。

十六种氨基酸相对分子质量：天冬氨酸 133.1；苏氨酸 119.1；丝氨酸 105.1；谷氨酸 147.1；脯氨酸 115.1；甘氨酸 75.1；丙氨酸 89.1；缬氨酸 117.2；甲硫氨酸 149.2；异亮氨酸 131.2；亮氨酸 131.2；酪氨酸 181.2；苯丙氨酸 165.2；组氨酸 155.2；赖氨酸 146.2；精氨酸 174.2。

计算结果表示为：试样氨基酸含量在 1.00g/100g 以下，保留两位有效数字；含量在 1.00g/100g 以上，保留三位有效数字。

第五节 碳水化合物总量及单糖测定

食品中的糖类以多种形式存在，从代谢和供能的意义上并不等效，因此可将总碳水化合物分为两大类，即有效碳水化合物和无效碳水化合物。有效碳水化合物包括单糖、二糖、糊精、淀粉和糖原等可以被人体消化利用的糖类;无效碳水化合物包括果胶、半纤维素、纤维素以及其他不能被人体消化利用的多糖，但能促进肠道蠕动，改善消化系统功能，对维持人体健康有重要作用，因此是人体膳食中不可或缺的成分。

按照结构分类，碳水化合物可分为单糖、低聚糖和多糖。在食品加工中，糖类对食品的形态、组织结构、理化性质及其色、香、味等都有很大影响，其含量是食品营养价值高低的重要标志。因此，碳水化合物的测定是食品的主要分析项目之一。

糖类测定的方法很多，单糖和低聚糖常采用物理法、化学法、色谱法和酶法等。物理法包括相对密度法、折光法和旋光法，通过物理法可以测定糖液浓度、番茄酱中固形物含量等。食品中还原糖、蔗糖、总糖、淀粉和果胶物质的测定多采用化学法，但仅是测定糖的总量，不能确定混合糖的组分及每种糖的含量。利用色谱法可以对混合糖中各种糖分进行分离分析。酶分析法也有一定的应用，如用酶—电极法和酶—比色法测定葡萄糖、半乳糖、乳糖和蔗糖含量，用酶水解法测定淀粉含量等。另外，核磁共振法、质谱法、毛细管电泳法、近红外质谱法、免疫分析法也已推出，但这些方法目前仍在不断完善中。

一、碳水化合物的检验

（一）蔗糖的测定（Roe 比色法）

蔗糖是由葡萄糖和果糖组成的双糖，不具有还原性，不能用碱性铜盐试剂直接测定，但在一定条件下，蔗糖可水解为具有还原性的葡萄糖和果糖（转化糖），因此，可以用测定还原糖的方法测定蔗糖含量。对于纯度较高的蔗糖溶液，其相对密度、折光率、旋光度等物理常数与蔗糖浓度都有一定关系，故也可用物理检验法测定。

1. 原理

食品中的蔗糖能与间苯二酚反应生成一种紫红色物质，在分光光度计 500nm 波长处测定其消光值，即可求出蔗糖含量。

2. 试剂

间苯二酚溶液；1mg/mL 蔗糖标准溶液；10mol/L 盐酸；6mol/L 盐酸；2mol/L 氢氧化钠。

3. 仪器

722 分光光度计。

4. 检测步骤

（1）标准曲线制作

用蒸馏水将 1mg/mL 蔗糖标准液稀释成 0.4mg/mL 蔗糖溶液，然后分别吸取 0mL、0.1mL、0.2mL、0.4mL、0.6mL、0.8mL、1.0mL，加入各试管再用蒸馏水将各管溶液定容到 1.0mL。各管中蔗糖含量分别为 0μg/mL、40μg/mL、80μg/mL、160μg/mL、240μg/mL、320μg/mL、400μg/mL。分别在各管中加入 0.1mL 2mol/L 氢氧化钠，混合后在 100℃水浴中加热 10min，立即在冷水中冷却。再加入间苯二酚溶液 1mL，10mol/L 盐酸 3mL，摇匀后放入 60℃水浴中保温 10min。冷却后在 500nm 波长处测消光值，以蔗糖含量为横坐标、相对应的消光值为纵坐标绘制标准曲线。

（2）样品测定

取混匀磨碎的鲜样 10g，用蒸馏水稀释后定容到 100mL 容量瓶中，混匀，过滤，取滤液 1.0mL（蔗糖含量为 40 ~ 240μg/mL），加 0.1mL 2mol/L 氢氧化钠溶液，以下操作同标准曲线。并在 500nm 处测其消光值，根据所测的消光值在标准曲线上查出样品中蔗糖含量。

（二）淀粉的测定（酶水解法）

1. 原理

试样经去除脂肪及可溶性糖类后，淀粉用淀粉酶水解成小分子糖，再用盐酸水解成单糖，最后按还原糖测定，并折算成淀粉含量。

2. 试剂

（1）碘；碘化钾；高峰氏淀粉酶（酶活力大于或等于 1.6U/mg）；无水乙醇；石油醚：沸点范围 60℃ ~ 90℃；乙醚；甲苯；三氯甲烷；盐酸；氢氧化钠；硫酸铜；亚甲蓝；酒石酸钾钠；亚铁氰化钾；甲基红；葡萄糖。

（2）甲基红指示剂（2g/L） 称取甲基红 0.20g，用少量乙醇溶解后，并定容至 100mL。

（3）盐酸溶液（1+1） 量取 50mL 盐酸，与 50mL 水混合。

（4）氢氧化钠溶液（200g/L） 称取 20g 氢氧化钠，加水溶解并定容至 100mL。

（5）碱性酒石酸铜甲液 称取 15g 硫酸铜及 0.50g 亚甲蓝，溶于水并定容至 1000mL。

（6）碱性酒石酸铜乙液 称取 50g 酒石酸钾钠、75g 氢氧化钠，溶于水，再加入 4g 亚铁氰化钾，完全溶解后，用水定容至 1000mL。贮存于橡胶塞玻璃瓶内。

（7）葡萄糖标准液 称取 1g（精确至 0.0001g）经过 98℃ ~ 100℃干燥 2h 的葡萄糖，加水溶解后加入 5mL 盐酸，并以水定容至 1000mL。此溶液每毫升相当于 1.0mg 葡萄糖。

（8）淀粉酶溶液（5g/L） 称取淀粉酶 0.5g，加 100mL 水溶液，临用现配。也可加入数滴甲苯或三氯甲烷防止长霉，贮于 4℃冰箱中。

（9）碘溶液 称取 3.6g 碘化钾溶于 20mL 水中，加入 1.3g 碘，溶解后加水定容至 100mL。

（10）85% 乙醇 取 85mL 无水乙醇，加水定容至 100mL，混匀。

3. 仪器

水浴锅。

4. 操作方法

（1）试样处理

①易于粉碎的试样：磨碎过 40 目筛，称取 2 ~ 5g（精确至 0.001g）。置于放有折叠滤纸的漏斗内，先用 50mL 石油醚或乙醚分五次洗除脂肪，再用约 150mL 乙醇（85%）洗去可溶性糖类，滤干乙醇，将残留物移入 250mL 烧杯内，并用 50mL 水洗滤纸，洗液并入烧杯内，将烧杯置沸水浴

上加热 15min，使淀粉糊化，放冷至 60℃以下，加入 20mL 淀粉酶溶液，在 55℃ ~ 60℃保温 1h，并不时搅拌。然后取一滴此液加一滴碘溶液，应不显现蓝色，若显蓝色，再加热糊化并加 20mL 淀粉酶溶液，继续保温，直至加碘不显蓝色为止。加热至沸，冷却移入 250mL 容量瓶并加水至刻度，混匀，过滤，弃去初滤液。取 50mL 滤液，置于 250mL 锥形瓶中加 5mL 盐酸（1+1），装上回流冷凝器，在沸水浴中回流 1h，冷却后加两滴甲基红指示液，用氢氧化钠溶液（200g/L）中和至中性，溶液转入 100mL 容量瓶中，洗涤锥形瓶，洗液并入 100mL 容量瓶中，加水至刻度，混合备用。

②其他样品：加适量水在组织液捣碎机中捣成匀浆（蔬菜、水果需要先洗净、晾干、取可食部分），称取相当于原样质量 2.5 ~ 5g（精确至 0.001g）的匀浆，以下自①中“置于放有折叠滤纸的漏斗内”起同操作。

（2）测定

①标定碱性酒石酸铜溶液：吸取 5.0mL 碱性酒石酸铜甲液及 5.0mL 碱性酒石酸铜乙液，于 150mL 锥形瓶中，加水 10mL，加入玻璃珠 2 粒，从滴定管加约 9mL 葡萄糖，控制在 2min 内加热至沸，趁沸以 2s/ 滴的速度继续加葡萄糖，直至溶液蓝色刚好褪去为终点，记录消耗葡萄糖标准溶液的总体积，同时做三份平行，取其平均值，计算每 10mL（甲液、乙液各 5mL）碱性酒石酸铜溶液相当于葡萄糖的质量（mg）。

②试样溶液预测：吸取 5.0mL 碱性酒石酸铜甲液及 5.0mL 碱性酒石酸铜乙液，于 150mL 锥形瓶中，加水 10mL，加入玻璃珠 2 粒，控制在 2min 内加热至沸，保持沸腾以先快后慢的速度，从滴定管中滴加试样溶液，并保持溶液沸腾状态，待溶液颜色变浅时，以每 2s/ 滴的速度滴定，直至溶液蓝色刚好褪去为终点，记录样液消耗体积。当样液中还原糖浓度过高时，应适当稀释后再进行正式测定，使每次滴定消耗样液的体积控制在与标定碱性酒石酸铜溶液时所消耗的还原糖标准溶液的体积相近，约在 10mL。

③试样溶液测定：吸取 5.0mL 碱性酒石酸铜甲液及 5.0mL 碱性酒石酸铜乙液，于 150mL 锥形瓶中，加水 10mL，加入玻璃珠 2 粒，从滴定管滴加比预测体积少 1mL 的试样溶液至锥形瓶中，使在 2min 内加热至沸，保持沸腾继续以每 2s/ 滴的速度滴定，直至蓝色刚好褪去为终点，记录样液消耗体积，同法平行操作三份，得出平均消耗体积。

同时量取 50mL 水及试样处理时相同量的淀粉酶溶液，按统一方法做试剂空白试验。

5. 结果计算

试样中还原糖的含量（以葡萄糖计）按式 5-23 进行计算：

$$X=\frac{m_1}{m_2\times\frac{V}{250}\times1000}\times100 \tag{5-23}$$

式中：X——试样中还原糖的含量（以葡萄糖计），g/100g；

m_1——碱性酒石酸铜溶液（甲液、乙液各半）相当于葡萄糖的质量，mg；

m_2——试样质量，g；

V——测定时平均消耗试样溶液体积，mL。

试样中淀粉的含量按式 5-24 进行计算：

$$X=\frac{(m_1-m_2)\times0.9}{m_9\times\frac{50}{250}\times\frac{V}{100}\times1000}\times100 \tag{5-24}$$

式中：X——实验中淀粉的含量，g/100g；

m_1——测定试样中葡萄糖的质量，mg；

m_2——空白中葡萄糖的质量，mg；

0.9——以葡萄糖计换算成淀粉的换算系数；

m_0——称取试样质量，g；

V——测定用试样处理液的体积，mL。

（三）果胶的测定（重量法）

1. 原理

在一定条件下，果胶物质与沉淀剂氯化钙作用生成果胶钙而沉淀析出。经洗涤、烘干，由所得残留物的质量即可计算出果胶物质的含量。

2. 试剂

乙醇（99%、70%）；乙醚；0.05mol/L 盐酸溶液；0.1mol/L 氢氧化钠溶液；1mol/L 醋酸；2mol/L 氯化钙溶液。

3. 仪器设备

（1）布氏漏斗、真空泵。

（2）G_2 垂融坩埚或玻璃砂芯漏斗。

4. 操作方法

（1）样品处理

①新鲜样品

称取试样 30 ~ 50g，用小刀切成薄片，置于预先放有 99% 乙醇的 500mL 锥形瓶中，在水浴上沸腾回流 15min 后冷却。用布氏漏斗过滤，残渣移至研钵中，一边慢慢磨碎一边滴加 70% 的热乙醇，冷却后再过滤，反复操作至滤液不呈糖的反应（用苯酚—硫酸法检验）为止。残渣用 99% 乙醇洗涤脱水，再用乙醚洗涤以除去脂类和色素，漏斗中的残渣在空气中挥发去乙醚。

②干燥样品

研细并过 0.25mm 筛，称取 5 ~ 10g 样品于烧杯中，加入热的 70% 乙醇，充分搅拌以提取糖类，过滤。反复操作至滤液不呈糖的反应。残渣用 99% 乙醇洗涤，再用乙醚洗涤，最后挥发乙醚。

（2）提取果胶

①水溶性果胶提取

用 150mL 水将上述挥发至干的残渣移入 250mL 烧杯中，加热至沸并保持沸腾 1h，随时补足蒸发的水分，冷却后移入 250mL 容量瓶中，加水定容，摇匀并过滤，弃去初滤液，收集滤液即得水溶性果胶提取液。

②总果胶的提取

用 150mL 加热至沸的 0.05mol/L 盐酸溶液把挥干的残渣移入 250mL 锥形瓶中，于沸水浴中加热回流 1h，冷却后移入 250mL 容量瓶中，加甲基红指示剂 2 滴，用 0.1mol/L 氢氧化钠中和后用水定容，摇匀，过滤，收集滤液即得总果胶提取液。

（3）测定

吸取 25mL 提取液（能生成果胶酸钙 25mg 左右）于 500mL 烧杯中，加入 0.1mol/L 氢氧化钠溶液 100mL，充分搅拌后放置 30min，再加入 1mol/L 醋酸 50mL，放置 5min，边搅拌边缓缓加入 2mol/L 氯化钙溶液 25mL，放置 1h（陈化），加热煮沸 5min，趁热用已在 105℃烘箱中烘干至恒重的滤纸（或

G_2 垂融坩埚）过滤，用热水洗涤至无氯离子（用 10% 硝酸溶液检验）为止。滤渣连同滤纸一同放入称量瓶中，置 105℃烘箱中（G_2 垂融坩埚可直接放入）干燥至恒重。

5. **结果计算**

$$\omega=\frac{\left(m_2-m_1\right)\times 0.9233}{m\times\frac{V_1}{V}}\times 100 \tag{5-25}$$

式中：ω——样品中果胶酸含量，%；

m_1——滤纸或垂融坩埚质量，g；

m_2——果胶酸钙和滤纸（或垂融坩埚）质量，g；

m——样品质量，g；

V_1——测定时取果胶提取液的体积，mL；

V——果胶提取液总体积，mL；

0.9233——由果胶酸钙换算为果胶酸的系数。

6. **说明**

（1）此法适用于分析各类食品，方法稳定可靠，但操作较烦琐、费时。果胶酸钙沉淀中易夹杂其他胶态物质，使本法选择性较差。

（2）新鲜试样若直接研磨，由于果胶分解酶的作用，果胶会迅速分解，所以需将切片浸入乙醇中以钝化酶的活性。

（3）可溶性糖和脂类物质对测定有影响，测定前必须设法除去。

（4）检验糖分的苯酚—硫酸法的操作过程：取检液 1mL 置于试管中，加入 5% 苯酚水溶液 1mL，再加入硫酸 5mL，混匀，如溶液呈褐色，证明检液中含有糖分。

（5）采用热过滤和热水洗涤沉淀是为了降低溶液黏度，加快过滤和洗涤速度，并增大杂质的溶解度，使其易被洗去。

（6）本法采用氯化钙溶液作为沉淀剂，加入氯化钙溶液时，应边搅拌边缓缓滴加，以减小饱和度，并避免溶液局部过浓。

（7）本法是用沉淀剂使果胶物质沉淀析出，而后测定质量的方法。沉淀剂有两类：一类是电解质，如氯化钠、氯化钙等；另一类是有机溶剂，如甲醇、乙醇、丙酮等。果胶物质沉淀的难易程度与其酯化程度有关，酯化度越大，溶解度越大，越难以沉淀。电解质适用于酯化度小和中等的果胶物质，如酯化度为 0 ~ 30% 时，常用氯化钠溶液；酯化度为 40% ~ 70% 时，常用氯化钙溶液作为沉淀剂。有机溶剂适用于酯化度较大的果胶物质，且酯化度越大，选用的有机溶剂浓度也应越大。

（四）膳食纤维

膳食纤维是不能被人体小肠消化吸收但具有健康意义的、植物中天然存在或通过提取、合成的、聚合度DP ≥ 3 的碳水化合物。包括纤维素、半纤维素、果胶及其他单体成分等。其中可溶性膳食纤维是能溶于水的膳食纤维部分，包括低聚糖和部分不能消化的多聚糖等。不溶性膳食纤维是不能溶于水的膳食纤维部分，包括木质素、纤维素、部分半纤维素等。总膳食纤维是可溶性膳食纤维与不溶性膳食纤维之和。

1. 原理

干燥试样经热稳定 α —淀粉酶、蛋白酶和葡萄糖苷酶酶解消化去除蛋白质和淀粉后，经乙醇沉淀、过滤，残渣用乙醇和丙酮洗涤，干燥称量，即为总膳食纤维残渣。另取试样同样酶解，直接抽滤并用热水洗涤，残渣干燥称量，即得不溶性膳食纤维残渣；滤液用 4 倍体积的乙醇沉淀、抽滤、干燥称量，得可溶性膳食纤维残渣。扣除各类膳食纤维残渣中相应的蛋白质、灰分和试剂空白含量，即可计算出试样中总的不溶性和可溶性膳食纤维含量。

本方法测定的总膳食纤维为不能被 α —淀粉酶、蛋白质和葡萄糖苷酶酶解的碳水化合物聚合物，包括不溶性膳食纤维和能被乙醇沉淀的高分子质量可溶性膳食纤维，如纤维素、半纤维素、木质素、果胶、部分回生淀粉，及其他非淀粉多糖和美拉德反应产物等；不包括低分子质量（聚合度 3 ~ 12）的可溶性膳食纤维，如低聚果糖、低聚半乳糖、聚葡萄糖、抗性麦芽糊精以及抗性淀粉等。

2. 试剂

95% 乙醇；丙酮；石油醚（沸程 30℃ ~ 60℃）；氢氧化钠；重铬酸钾；三羟甲基氨基甲烷；2 —（N —吗啉代）乙烷磺酸；冰乙酸；盐酸；硫酸；热稳定 α —淀粉酶；蛋白酶液；淀粉葡萄糖苷酶液；硅藻土。

3. 溶液配制

（1）乙醇溶液（85%，体积分数） 取 895mL 95% 乙醇，用水稀释并定容至 1L，混匀。

（2）乙醇溶液（78%，体积分数） 取 821mL 95% 乙醇，用水稀释并定容至 1L，混匀。

（3）氢氧化钠溶液（6mol/L） 称取 24g 氢氧化钠，用水溶解至 100mL，混匀。

（4）氢氧化钠溶液（1mol/L） 称取 4g 氢氧化钠，用水溶解至 100mL，混匀。

（5）盐酸溶液（1mol/L） 取 8.33mL 盐酸，用水稀释至 100mL，混匀。

（6）盐酸溶液（2mol/L） 取 167mL 盐酸，用水稀释至 1L，混匀。

（7）MES — TRIS 缓冲液（0.05mol/L） 称取 19.52g 2 —（N —吗啉代）乙烷磺酸和 12.2g 三羟甲基氨基甲烷，用 1.7L 水溶解，根据室温用 6mol/L 氢氧化钠溶液调 pH，20℃时调 pH 为 8.3，24℃时调 pH 为 8.2，28℃时调 pH 为 8.1；20℃ ~ 28℃其他室温用插入法校正 pH。加水稀释至 2L。

（8）蛋白酶溶液 用 0.05mol/L MES — TRIS 缓冲液配成浓度为 50mg/mL 的蛋白酶溶液，使用前现配，于 0 ~ 5℃暂存。

（9）酸洗硅藻土 取 200g 硅藻土于 600mL 的 2mol/L 盐酸溶液中，浸泡过夜，过滤，用水洗至滤液为中性，置于（525 ± 5）℃马弗炉中灼烧灰分后备用。

（10）重铬酸钾洗液 称取 100g 重铬酸钾，用 200mL 水溶解，加入 1800mL 浓硫酸混合。

（11）乙酸溶液（3mol/L） 取 172mL 乙酸，加入 700mL 水，混匀后用水定容至 1L。

4. 仪器设备

（1）高型无导流口烧杯（400mL 或 600mL）。

（2）坩埚 具粗面烧结玻璃板，孔径 40 ~ 60μm。清洗后的坩埚在马弗炉中（525 ± 5）℃灰化 6h，炉温降至 130℃以下取出，于重铬酸钾洗液中室温浸泡 2h，用水冲洗干净，再用 15mL 丙酮冲洗后风干。用前加入约 1.0g

硅藻土，130℃烘干，取出坩埚，在干燥器中冷却约 1h，称量，记录处理后坩埚质量 mg，精确到 0.1mg。

（3）真空抽滤装置；恒温振荡水浴箱；分析天平。

（4）马弗炉、烘箱（130 ± 3）℃、真空干燥箱（70 ± 1）℃。

（5）筛　孔径 0.3 ~ 0.5mm。

5. **操作方法**

（1）试样制备

试样处理根据水分含量、脂肪含量和糖含量进行适当的处理及干燥，并粉碎、混匀过筛。

①脂肪含量＜ 10% 的试样：若试样水分含量较低（＜ 10%），取试样直接反复粉碎，至完全过筛。混匀，待用。

若试样水分含量较高（≥ 10%），试样混匀后，称取适量试样（m_C，不少于 50g），置于（70 ± 1）℃真空干燥箱内干燥至恒重。将干燥后试样转至干燥器中，待试样温度降到室温后称量（m_D）。根据干燥前后试样质量，计算试样质量损失因子（f）。干燥后试样反复粉碎至完全过筛，置于干燥器中待用。

②脂肪含量≥ 10% 的试样：试样需经脱脂处理。称取适量试样（m_C，不少于 50g），置于漏斗中，按每克试样 25mL 的比例加入石油醚进行冲洗，连续 3 次。脱脂后将试样混匀再进行干燥、称量（m_D），记录脱脂、干燥后试样质量损失因子（f）。试样反复粉碎至完全过筛，置于干燥器中待用。

③糖含量≥ 5% 的试样：试样需经脱糖处理。称取适量试样（m_C，不少于 50g），置于漏斗中，按每克试样 10mL 的比例加入 85% 乙醇溶液进行冲洗，弃乙醇溶液，连续 3 次。脱糖后将试样置于 40℃烘箱内干燥过夜，称量（m_D），记录脱糖、干燥后试样质量损失因子（f）。干燥后试样反复粉碎至完全过筛，置于干燥器中待用。

（2）酶解

①准确称取双份试样（XT），约 1g（精确至 0.1mg），双份试样质移项≤ 0.005g。将试样转置于 400 ~ 600mL 高脚烧杯中，加入 0.05mol/L MES — TRIS 缓冲液 40mL，用磁力搅拌直至试样完全分散在缓冲液中。同时制备两个空白样液与试样液进行同步操作，用于校正试剂对测定的影响。

②热稳定 α —淀粉酶酶解：向试样液中分别加入 50μL 热稳定 α —淀粉酶液缓慢搅拌，加盖铝箔，置于 95℃～100℃恒温振荡水浴箱中持续振摇，当温度升至 95℃开始计时，通常反应 35min。将烧杯取出，冷却至 60℃，打开铝箔盖，用刮勺轻轻地将附着于烧杯内壁的环状物以及烧杯底部的胶状物刮下，用 10mL 水冲洗烧杯壁和刮勺。

③蛋白酶酶解：将试样液置于（60±1）℃水浴中，向每个烧杯加入 100μL 蛋白酶溶液，盖上铝箔，开始计时，持续振摇，反应 30min。打开铝箔盖，边搅拌边加入 5mL 3mol/L 乙酸溶液，试样温度保持在（60±1）℃。用 1mol/L 氢氧化钠溶液或 1mol/L 盐酸溶液调节试样液 pH 至 4.5±0.2。

④淀粉葡萄糖苷酶酶解：边搅拌边加入 100μL 淀粉葡萄糖苷酶液，加上铝箔，继续于（60±1）℃水浴中持续振摇，反应 30min。

（3）测定

①总膳食纤维测定。沉淀：向每份试样酶解液中，按乙醇与试样液体积比 4∶1 的比例加入预热至（60±1）℃的 95% 乙醇（预热后体积约为 225mL），取出烧杯，盖上铝箔，于室温条件下沉淀 1h。

抽滤：取已加入硅藻土并干燥称量的坩埚，用 15mL 78% 乙醇润湿硅藻土并展平，接上真空抽滤装置，抽去乙醇使坩埚中硅藻土平铺于滤板上。将试样乙醇沉淀液转移入坩埚中抽滤，用刮勺和 78% 乙醇将高脚烧杯中所有残渣转至坩埚中。

洗涤：分别用 78% 乙醇 15mL 洗涤残渣 2 次，用 95% 乙醇 15mL 洗涤残渣 2 次，丙酮 15mL 洗涤残渣 2 次，抽滤去除洗涤液后，将坩埚连同残渣在 105℃烘干过夜。将坩埚置干燥器中冷却 1h，称量（m_{GR}，包括处理后坩埚质量及残渣质量），精确至 0.1mg。减去处理后坩埚质量，计算试样残渣质量（m_R）。

蛋白质和灰分测定：取 2 份试样残渣中的 1 份按 GB 5009.5 测定氮含量，以 6.25 为换算系数，计算蛋白质质量（m_P）；另 1 份试样测定灰分，即在 525℃灰化后，于干燥器中冷却，精确称量坩埚总质量（精确至 0.1mg），减去处理后坩埚质量，计算灰分质量（m_A）。

②不溶性膳食纤维测定。按（1）、（2）称取试样、酶解。

抽滤洗涤：取已处理的坩埚，用 3mL 水润湿硅藻土并展平，抽去水分使坩埚中的硅藻土平铺于滤板上。将试样酶解液全部转移至坩埚中抽滤，残渣用70℃热水10mL洗涤2次，收集并合并滤液，转移至另一600mL高脚烧杯中，备测可溶性膳食纤维。残渣按测定总膳食纤维中的方法洗涤、干燥、称量，记录残渣重量。

③可溶性膳食纤维测定。计算滤液体积：收集不溶性膳食纤维抽滤产生的滤液，至已预先称量的600mL高脚烧杯中，通过称量“烧杯+滤液”总质量，扣除烧杯质量的方法估算滤液体积。

沉淀：按滤液体积加入4倍量预热至60℃的95%乙醇，室温下沉淀1h。以下测定按总膳食纤维检测步骤进行。

6. 结果计算

试剂空白质量按式5-26计算：

$$m_B = m_{BR} - m_{BP} - m_{BA} \tag{5-26}$$

式中：mB——试剂空白质量，g；

mBR——双份试剂空白残渣质量均值，g；

mBP——试剂空白残渣中蛋白质质量，g；

mBA——试剂空白残渣中灰分质量，g。

试样中膳食纤维含量按式5-27、式5-28、式5-29、计算：

$$m_R = m_{GR} - m_G \tag{5-27}$$

$$X = \frac{\overline{m}_R - m_P - m_A - m_B}{\overline{m} \times f} \tag{5-28}$$

$$f = \frac{m_C}{m_D} \tag{5-29}$$

式中：m_R——试样残渣质量，g；

m_{GR}——处理后坩埚质量及残渣质量，g；

m_G——处理后坩埚质量，g；

X——试样中膳食纤维的含量，g/100g；

$\overline{m}_R$——双份试样残渣质量均值，g；

m_P——试样残渣中蛋白质质量，g；

m_A——试样残渣中灰分质量，g；

m_B——试剂空白质量，g；

$\overline{m}$——双份试样取样质量均值，g；

f——试样制备时因干燥、脱脂、脱糖导致质量变化的校正因子；

m_C——试样制备前质量，g；

m_D——试样制备后质量，g。

如果试样没有经过干燥、脱脂、脱糖等处理，f=1。

二、单糖的测定

目前，检测食品单糖的方法有化学法、高效液相色谱法和气相色谱法等。液相色谱法与现在使用的测定糖含量的菲林滴定法相比具有灵敏度好，检测速度快，适用范围广等特点，本节主要介绍利用高效液相色谱法对食品中单糖进行测定。

1. 试剂

乙腈（色谱纯）；乙酸锌溶液；亚铁氰化钾溶液：称取 10.6g 亚铁氰化钾，加水溶解并稀释至 100mL；石油醚（沸程 30℃ ~ 60℃）；糖（纯度 ≥ 99%）；单糖标准品。

2. 仪器设备

（1）高效液相色谱仪（具有示差折光检测器）、色谱柱（氨基色谱柱：4.6mm × 250mm，5μm）。

（2）磁力搅拌器、离心机。

3. 操作方法

（1）试样的制备

①块状或颗粒状样品：取有代表性的样品至少 200g，用粉碎机粉碎，置于密闭的容器内。

②粉末状、糊状或液体样品：取有代表性的样品至少 200g，充分混匀，置于密闭容器内。

（2）样品处理

①脂肪含量小于 10% 的食品：称取均匀的食品样品 0.5 ~ 10g（m_1，精确至 0.1mg），含糖量 5% 以下称取 10g，含糖量 5% ~ 10% 以下称取 5g，含糖量 10% ~ 40% 称取 2g，含糖量 40% 以上称取 0.5g，于 150mL 带有磁力搅拌子的烧杯中，加水约 50g 溶解，缓慢加入乙酸锌溶液和亚铁氰化钾溶

液各 5mL，再加水至溶液总质量约为 100g（m_2，精确至 0.1mg），磁力搅拌 30min，放置室温后，用干燥滤纸过滤，取约 2mL 滤液用 0.45μm 微孔滤膜或离心获取清液至样品瓶，待色谱仪测定。

②糖浆、蜂蜜类：称取 1 ~ 2g 均匀样品（m_1，精确至 0.1mg）于 50mL 容量瓶，加水至溶液总质量约为 50g（m_2，精确至 0.1mg），充分摇匀，用 0.45μm 微孔滤膜或离心获取清液至样品瓶，待色谱仪测定。

③含二氧化碳的饮料：吸取去除了二氧化碳的样品 50mL（m_1），移入 100mL 容量瓶中，缓慢加入乙酸锌溶液和亚铁氰化钾各 5mL，放置室温后，用水定容至刻度（m_2），摇匀，静置 30min，然后用干燥滤纸过滤，取约 2mL 滤液，用 0.45μm 微孔滤膜或离心获取清液至样品瓶，待色谱仪测定。

④脂肪含量大于 10% 的食品：称取均匀的样品 5 ~ 10g（m_1，精确至 0.1mg），置于 100mL 具塞离心管中，加入 50mL 石油醚，振摇 2min，1800r/min 离心 15min，去除石油醚，重复以上步骤至去除大部分脂肪。蒸发残留的石油醚，用玻璃棒将样品捣碎，将样品移至 150mL 带有磁力搅拌子的烧杯中，用 50g 水分两次冲洗离心管，洗液并入烧杯，以下步骤自③加入乙酸锌溶液和亚铁氰化钾溶液依次进行操作。

（3）测定

①色谱参考条件：柱温：40℃；流动相：乙腈—水（85+15，体积比）；流速：1.0mL/min；进样体积：20μL。

分别吸取 20μL 标准工作液注入高效液相色谱仪，在上述色谱条件下测定标准溶液的响应值（峰面积），以浓度为横坐标、峰面积为纵坐标，绘制标准曲线。

②样品中糖的测定：吸取 20μL 样液注入高效液相色谱仪，在上述色谱条件下测定试样的响应值（峰面积）。由标准曲线上查得样液中各单糖的含量，或利用回归方程式计算样液中各单糖的含量。

4. 结果计算

样品中各单糖含量以质量分数 X 计，数值以 % 表示，按式 5-30 计算：

$$\omega = \frac{c \times m_2}{m_1 \times 1000} \times 100 \quad (5\text{-}30)$$

式中：ω——样品中糖含量，%；

c——样液中糖的含量，mg/g；

m_2——水溶液总质量或总体积，g 或 mL；

m_1——样品的质量或体积，g 或 mL。

平行测定结果用算术平均值表示，保留三位有效数字。

第六节　脂肪测定

脂类化合物是食品三大营养物质之一，95% 是脂肪（甘油三酯、中性脂），5% 是其他脂类，如磷脂、糖脂、固醇等。食品中脂肪除提供人体所必需的能量和某些脂肪酸外，它可为食品提供滑润的口感，光洁的外观，赋予加工食品特殊的风味。本节主要介绍脂肪总量及组成的检测技术。

一、脂肪总量的测定

（一）索氏抽提法

1. 原理

经干燥后的样品使用索氏脂肪抽提装置，在一定温度下以有机溶剂提取样品中的脂肪后，蒸去溶剂，所得的物质即为脂肪。

2. 仪器

索氏脂肪抽提器。

3. 试剂

无水乙醚，无水硫酸钠，硫酸铜及氢氧化钠溶液。

4. 操作方法

（1）样品处理

准确称取肉、蛋和鱼粉样品 5.00 ~ 8.00g，装入滤纸筒中；谷、豆类样品磨碎成粉末，经 100℃ ~ 105℃烘干 2 ~ 3h 后，准确称取 5.00 ~ 10.00g，装滤纸筒中；称取糖果和果酱等样品 5.00 ~ 10.00g，置于烧杯中，分别加入水 200mL，搅拌中加入 10mL 硫酸铜溶液（69.3g/L），充分搅匀后加入氢氧化钠溶液（10.2g/L）调节 pH 至呈微酸性，充分搅和后静置，过滤除去糖分，将残留物及滤纸一起烘干装入滤纸筒中。

（2）样品测定

滤纸筒上层覆盖脱脂棉后放在索氏抽提器的抽提管内，把抽提管与已知重量的干燥脂肪烧瓶连接并接在冷凝器上，由抽提器冷凝管上端加入乙醚约 100mL，通入冷凝水，在 70℃左右水浴上加热 6 ~ 8h，最好控制每小时虹吸 20 次。取出滤纸筒，利用抽提器回收乙醚。将烧瓶取下揩干，在 100℃ ~ 105℃烘箱中烘干 1 ~ 2h，直至前后两次重量差不超过 0.001g 为止。

5. 结果计算

$$粗脂肪含量(\%)=\frac{m_1}{m_2}\times 100 \tag{5-31}$$

式中：m_1——乙醚抽出物质量，g；

m_2——样品的质量，g。

6. 说明

（1）本法是经典方法，也是食品安全国家标准。由于食品种类不同，提取脂肪的时间也不同，因此根据不同食品中脂肪含量掌握加热提取时间。检查样品中脂肪是否提取完全，可以用滤纸条将抽提管内氯仿滴在滤纸上，待乙醚挥发后观察滤纸上有无油迹，如无油迹存在，说明提取完全。

（2）抽取试剂要按检验方法所规定的要求选择。一般使用甲醇或氯仿—甲醇提取脂肪，比单独用氯仿提取脂肪，其含量高一些。原因是样品中（如鱼粉）含有的脂蛋白和磷酯类的脂肪完全被抽提出来。

（二）碱性乙醚抽取法

本法是乳品脂肪测定公认的标准法。适用于能在碱性溶液中溶解或至少能形成均匀混悬胶体的样品，除牛乳、奶油外，也适用于溶解度良好的乳粉。至于已结块的乳粉，用本法测定时，其结果往往偏低。

1. 原理

乙醚不能从牛乳或其他液体食品中直接抽取脂肪。需先用碱处理，使酪蛋白钙盐溶解，并降低其吸附力，才能使脂肪球与乙醚混合。在乙醇和石油醚存在下，使乙醇溶解物留存在溶液内，加入石油醚则可使乙醚不与水混溶，而只抽出脂肪和类脂化合物。石油醚的存在可使分层清晰。将醚层分离并将醚除去后，即可得出脂肪含量。

2. 试剂

氢氧化铵，96% 乙醇，乙醚，石油醚（馏程 30℃ ~ 60℃）。

3. 操作方法

称取样品 1.00 ~ 5.00g，置于小烧杯中，加水至 10mL，再加氢氧化铵 10mL，用玻璃棒搅拌成匀乳状，倒入 100mL 具塞量筒中（若为液体样品如牛乳，可直接吸取 10mL 于量筒中，加氢氧化铵 1.25mL，以下见鲜乳中有关脂肪的测定）。用 10mL 乙醇分数次洗涤烧杯，洗液并入量筒中，加塞振摇。再以 25mL 乙醚洗涤烧杯，并入量筒中，加塞振荡 1min。再用 25mL 石油醚洗涤烧杯，并入量筒中，加塞振荡 1min。静置约 30min，待分层清晰后，装上吹管，将上层醚层吹出，经干燥滤纸滤入已知重量的脂肪瓶中。再加乙醚—石油醚（1 ： 1）混合液 10mL 于量筒中，不经振荡，静置 5min，再将醚层吹出，滤入上述脂肪层中。再加乙醇 2mL、乙醚 15mL 于量筒中，振摇 0.5min，再加石油醚 15mL（或混合醚 30mL），静置，待分层清晰后，吹出，滤至同一脂肪瓶中。重复上述操作 1 次，将脂肪瓶内混合醚在水浴上蒸馏回收，所得脂肪在 100℃ ~ 106℃烘箱中烘 2h，冷却称重。

4. 结果计算

按下式计算脂肪含量：

$$\text{脂肪含量}(\%)=\frac{m_1}{m_2}\times 100 \tag{5-32}$$

式中：m_1——剩余物的质量，g；

m_2——样品的质量，g。

（三）酸性乙醚提取法

1. 原理

食品样品经盐酸水解后，用乙醚提取脂肪，然后在沸水浴中回收和除去溶剂，称重而获得游离和结合的脂肪含量。

2. 试剂

盐酸，乙醇，乙醚，石油醚。

3. 仪器

索氏抽脂瓶或锥形瓶。

4. 操作方法

①准确称取固体样品 2.00g，移入 50mL 大试管中，加入蒸馏水 8mL，混匀后再加入盐酸 10mL(液体样品称取 10.00g，加入盐酸 10mL 于大试管中)。将试管移入 70℃ ~ 80℃水浴中加热，每隔 5 ~ 10min 摇动一次至全部样品完全消化为止。时间 40 ~ 50min。

②取出试管，冷却，加入乙醇 10mL，然后将全部样液移入 125mL 分液漏斗中，以 25mL 乙醚分次洗涤试管。将乙醚移入分液漏斗中，加塞，振摇 1min。振摇时不断地放出气体，以免样液溅出。静置 15min，并用等量的石油醚—乙醚混合试剂冲洗瓶塞及分液漏斗瓶口，以使附着的脂肪洗涤于瓶内。静置 10 ~ 20min，待上层有机层清晰，把下层水层放入小烧杯后，将乙醚等试剂层放至已恒重的锥形瓶中，再将水层移入分液漏斗中，再加入 5mL 乙醚，如此反复提取两次，将乙醚收集于恒重锥形瓶中，利用索氏抽脂装置或其他冷凝装置回收乙醚及石油醚，将锥形瓶置于沸水浴中完全蒸干。置于 100℃ ~ 105℃干燥 2h，取出放入干燥器内冷却 30min 后称重。

5. 计算

$$脂肪含量(\%)=\frac{m_1-m_2}{m}\times 100 \qquad (5\text{-}33)$$

式中：m_1——锥形瓶及脂肪重量，g；

m_2——锥形瓶质量，g；

m——样品质量，g。

6. 说明

本法适用于结块和不溶性固体样品中脂肪含量的测定。

二、食品中脂肪酸组成分析

在油脂脂肪酸组成分析中，使用最普及的分析法有气相谱法、高效液相色谱法、红外光谱法、质谱法以及联机（气相色谱—红外光谱、气相色谱—质谱）法。红外光谱及质谱起鉴定器的作用，如红外吸收光谱可以方便地鉴定官能团，在质谱中采用大气压化学离子源（APCI）可以方便地用于极性、难挥发性化合物的离子化，通过电喷雾电离、APCI 谱图可获得平均相对分子质量及相对分子质量分布信息。通过这些仪器的分离鉴定，不仅对油脂、脂肪酸及其衍生物能进行定性定量分析，而且可以对其分子结构，相对分子质量或官能团等进行鉴别。本研究仅就广泛使用的气相色谱法进行扼要叙述。

1. 实验原理

本实验采用气相色谱法对食品中脂肪酸组成进行分析，其测定原理为将试样所含油脂进行皂化，脂肪酸经甲酯化后，用石油醚或正己烷提取。在一定的条件下利用样品中各组分在色谱柱中流动相和固定相的分配系数不同来达到样品的分离。与标准品进行比较，以保留时间进行定性，峰面积进行定量。

2. 试剂

1mol/L KOH—甲醇溶液：取氢氧化钾 56g，用甲醇溶解，定容至 1000mL。

1mol/L HCl—甲醇溶液：甲醇溶液 500mL，称重。将分析纯 HCl 溶液滴加到氯化钙中产生气体 HCl，通入 500mL 甲醇溶液中，一定时间后再称重，直到原甲醇溶液增加了 36.5g 即可。

3. 仪器设备

冷冻干燥机、恒温水浴锅、电子天平，气相色谱仪 GC（HP 6890）。

4. 检测步骤

（1）样品处理

将适量样品进行冷冻干燥，在研钵中充分磨细（也可取鲜样直接匀浆）。称取干燥样品 50mg 左右（根据脂肪含量而定）于带螺盖 10mL 刻度试管中。加 1mol/L KOH—甲醇溶液 4mL，旋紧管盖，在 75℃ ~ 80℃水浴中保温 15min，取出，待冷却后加 1mol/L HCl 甲醇溶液 4mL，继续在 75℃ ~ 80℃

水浴中保温 15min，取出，冷却后加正己烷（或石油醚）1mL 充分振荡萃取 1min。静止分层（需要时稍加水有利于分层），使脂肪酸甲酯溶于正己烷层。

（2）测定

用微量进样器取上清液 1μL，上机进样，进行气相色谱分析。采用氢火焰离子化检测器（FID），色谱柱为毛细管柱（内径 0.25mm，膜厚 0.25μm，长 30m，最高温度 300℃）。

（3）分析条件

采取程序升温，柱温：150℃保留 1min，经 15℃ /min 升至 200℃，再经 2℃ /min 升至 250℃。汽化室温度为 250℃，检测器温度为 250℃。氮气压力 0.4MPa，氢气压力 0.2 ~ 0.3MPa，空气压力 0.4MPa。

5. 数据处理

（1）定性分析

比较未知峰与同样条件下测得的脂肪酸标样的保留时间，对脂肪酸进行定性分析。

（2）定量分析

组分的含量与峰面积成正比，根据面积归一法求出脂肪酸的相对含量。

6. 注意事项

（1）待测样品不宜加热干燥，否则脂肪酸易被氧化。

（2）进行脂肪酸皂化和甲酯化时，应注意温度和时间的控制。

第六章　食品检测技术应用研究

第一节　流通环节食品快速检测技术应用

流通过程中，食品数量庞大、类型繁杂，通过快速检测技术，能够提升食品的安全性。本节针对流通环节食品快速检测技术及其应用展开讨论，并提出合理化建议。

与既往工作有所不同，流通环节食品快速检测技术的应用，是社会发展的重要组成部分，其能够创造的经济效益、社会效益是非常显著的。如果技术操作上存在些许的问题，肯定会影响未来的进步，造成的损失也难以在短期内快速弥补。在流通环节应用食品快速检测技术的过程中，必须从长远的角度出发。

一、流通环节食品快速检测技术发展现状

快速检测技术的运用，是流通环节的重要组成部分，产生的影响是非常大的。流通环节食品快速检测技术的特点，主要表现在以下两个方面。第一，该项技术的类别多元，包括化学比色分析法、酶抑制技术、免疫分析技术、生物化学快速检测技术，以及纳米技术等。纳米技术在近几年发展速度较快，成为流通环节食品快速检测的重点研发对象，创造的效益较高。第二，食品快速检测技术的具体项目，非常详细，涵盖了农药残留的检测、兽药残留的检测、微生物及重金属的检测等，通过针对性检测，可明确食品本身是否安全，是否会对人体造成伤害。这样可以及时制止有毒、有害食品流入市场。

二、流通环节食品快速检测技术的应用对策

（一）加强技术制度的制定

食品快速检测技术的应用对流通环节的食品安全，将产生决定性影响。快速检测技术的运用，应保证制度的完善。第一，流通环节的食品检测，需明确不同类别的检测要点以及检测指标。例如，在饮品检测过程中，要对含糖量、各类营养及组成部分作出测试分析，选用化学比色分析法，或者是生物化学快速检测技术来完成，了解到流通环节的食品是否能够达到预期的安全性。第二，针对所有食品的检测结果，均要作出详细记录，并留有备案。第三，在快速检测技术的实施过程中，观察食品在不同条件下的变化情况，如是否会释放出污染物质，是否会对人体造成严重伤害。

（二）加强技术试验

从主观角度来分析，流通环节食品快速检测技术的应用，的确对很多地方食品行业的发展，都能够作出卓越的贡献。可是考虑在技术的实施过程中，存在理论与实践的差异性，如果我们在处理过程中，未能够根据具体情况来进行，那么肯定会产生较大的隐患和漏洞。因此，加强流通环节食品快速检测技术的试验分析，是非常有必要的。例如，某一项流通环节食品快速检测技术实施之前，要观察技术体系是否健全，是否能够获得专业性的效果，如果出现了较大的隐患和不足，则必须提前进行改进，这样才能为将来的工作提供更多保障。

（三）加强技术创新

与既往工作有所不同，在流通环节食品快速检测技术的研究和应用过程中，技术创新是非常重要的发展趋势，同时能够产生非常突出的影响力。在技术创新过程中，应充分考虑具体工作的需求，这样才能保证结果的准确。例如，胶体金免疫层析法作为一种方便快速、成本低、应用范围广的分析检测办法已在食品检测方面得到广泛应用。另外，研究人员还研发了生物传感器和电化学传感器相关产品。利用传感器技术快速检验产品，往往具有小巧、集成、成本低、灵敏度高、实用性强等优点，应用特种传感器的食品快速检

测仪器在国内外都受到广泛关注，在重金属、细菌总数和大肠埃希菌，以及一些具有特殊分子基团的有机物检测方面取得了较大进展。

三、流通环节食品快速检测技术的发展趋向

我国在现代化建设过程中，对于很多行业的进步都是非常关注的，为了促进食品行业进一步的发展，必须创新流通环节的食品快速检测技术。不能停留在传统的层面上，这样不仅无法达到预期工作效果，还会造成很大的缺失与漏洞。首先，在流通环节必须为食品快速检测技术融入自动化理念。在融合该理念过程中，能够更好地弥补传统工作的不足，提升食品行业的工作效率，可以作出较为卓越的贡献，对未来工作的开展，能够奠定坚实的基础。其次，在流通环节食品快速检测技术的研发过程中，还需要对智能化的内容进行有效的融合，智能技术能够对流通环节食品快速检测技术的一些任务，作出更好的判定。

流通环节的食品快速检测技术研发工作，正迈向长远发展目标，各个层面上创造的价值非常显著。日后，应继续对流通环节食品快速检测技术保持高度关注，要从多个层面上改善技术的不足，提升工作的可靠性、可行性。笔者相信在未来的工作中，流通环节食品快速检测技术能够创造出更高的价值。

第二节　食品安全分析检测中色谱质谱技术的应用

进入新时期后，人们生活质量不断提升，对食品安全问题日趋重视。特别是近些年来出现了很多的食品安全事故，更是引发了全社会的充分关注。在食品安全分析检测中，色谱质谱技术因为具有一系列的优势，得到了较为广泛的运用。本节简要分析了食品安全分析检测中色谱质谱技术的应用，希望能够提供一些有价值的参考意见。

调查研究发现，目前主要通过两种方法来进行食品的安全检测，一种为气相色谱法，其在固定相与流动相中间放置食品样品，因为气体具有较快的扩散速度，因此会很快实现平衡目的。但是在不断实践中，本种技术也逐渐

出现了一系列缺点，如不具备较强的定性能力等。针对这种情况，有关专家开始联合使用色谱法和质谱法。这样既可以将色谱法的优势延续下去，又能增强检测的定性能力。

一、色谱质谱技术在食品分析中的优势

实践研究表明，在食品安全检测分析中运用色谱质谱技术具有一系列的优势，其不仅具有较高的基础效率和较强的定性能力，还具有其他一些优势。具体来讲，可以从三个方面来理解。首先，减少了食品安全检测环节，样品收集、样品转移等环节可以忽略，降低了食品安全检测的操作复杂程度，且质谱分析的样品单一要求也可以得到有效满足。其次，联合使用色谱质谱技术，质量、三维、时间等方面的信息同时具备，具有较高的整体检测效率。最后，在技术应用实践中，还可以将先进的计算机技术运用过来，对整体操作流程有效优化，促使检测分析过程的自动化程度大大提升。

二、食品安全分析检测中色谱质谱技术的应用

（一）基础物质成分的分析

随着人们生活质量的提升，全社会普遍关注食品安全问题，虽然近些年来食品行业发展迅速，但也有很大的风险存在。那么就需要积极应用和创新现代化色谱质谱技术，对基础物质成分进行科学准确的分析，以便促使食品安全得到保证。比如，在分析啤酒成分时，通过色谱质谱技术的联合使用，可以将其中的 40 种主要化合物给鉴定出来；再如，在检测淡水鱼肉时，通过色谱质谱技术的应用，能够快速有效地检测出醇类物质和其他主要化合物，挥发性成分也可以得到有效鉴别。在实验中，鲫鱼的 42 种成分可以被检测出来，草鱼的 30 种成分可以被检测出来，具有较高的效率。因此，食品检验分析中，色谱质谱技术具有较大的优势，能够深层次准确检测食品的各种成分，在未来将会得到更加广泛的应用。

（二）农药残留的检测分析

调查发现，目前我国蔬菜的农药使用量不断增大，农药喷洒次数也越来越多，虽然对于农作物的快速成长具有较大意义，却让农药成分复杂程度大

幅提升，且很容易导致农药成分残留于蔬菜中。虽然检测过程中能够直接发现农药残留现象，却无法有效离析农药成分。在过去很长一段时间内，主要利用气相色谱检测法来检测农作物的农药残留情况。这种方法仅可以将单一的样品成分给检测出来，而对于复杂的农药成分无能为力。针对这种情况，为了提升农药检测的针对性和有效性，就需要联合使用色谱质谱检测技术，实践研究表明，其能够对农产品当中的残留农药成分定性检测，且操作难度较小，适用范围较广，具有较高的整体回收率和较低的检验下限。在具体实践中，不需要净化操作提取液就能够定量分析，具有较高的整体检测效益。同时，采用色谱质谱联合技术，还可以综合检测果蔬农药残留情况，对农药成分中的有机物质、氨基甲酸质等准确分析，可以检测出 50 种以上的农药成分，且回收率在 80% 以上。相较于酶抑制法、酶联免疫法等其他的检测离析技术，色谱质谱技术具有较大的应用价值。

（三）牲畜药物残留分析

人们经济水平的提升，对肉类食品需求越来越大；但是调查发现，目前养殖户常会将青霉素、四环岛素等药物喂给动物，这些药物会让抗病原子产生于动物体内，进而避免疾病的出现，保证动物的正常生长。但是这些药物也很容易残留于动物体内，进而威胁食品安全。比如，人们误食了少量的氯霉素类药物，就很可能导致特异性再生障碍性贫血的出现。且硝基咪唑类、硝基呋喃类等药物的致癌作用非常强，任何剂量的氨基比林，都会导致致死性粒细胞的出现。不同药物成分对人体具有不同的危害，那么就需要借助色谱质谱联合技术来检测肉类食品的药物残留问题。实践研究表明，色谱质谱技术能够有效检测出药物残留成分，保障肉类食品的安全。

此外，食品添加剂被广泛运用到食品加工过程中，虽然具有较好的保鲜效果，但是也有饮食风险出现。针对这种情况，就需要积极运用色谱质谱技术联合检测食品中的食品添加剂成分，保证食品中添加剂的危害程度不超过人体接受范围。

进入新时期后，我国食品行业发展迅速，同时也出现了较多的食品安全问题。针对这种情况，就需要积极运用色谱质谱技术来开展食品安全分析检测工作。实践研究表明，相较于其他的分析检测技术，色谱质谱技术具有较高的效率和较强的定性分析能力。在未来的发展中，色谱质谱技术将会进一步革新和成熟，进而得到更加广泛的应用。

第三节 红外光谱技术在食品检测中的应用

随着经济的发展，人们的生活水平得到了显著提升，食品安全问题已成为社会广泛关注的焦点。通过对食品进行安全检测，能够确保食品的安全。虽然红外光谱技术在食品检测中的应用刚刚起步，但已经取得了不俗成绩。

老百姓常说："民以食为天"，足以可看出食品对于民众的重要性，但其中食品的安全性也占据着重要位置，与民众的身体健康直接挂钩，对社会的和谐发展等都起到了积极的推动作用。近些年，食品安全问题层出不穷，给人们的生活带了严重影响。被曝光的食品不计其数，还有一些不被人熟知的食品正在悄无声息地吞噬着我们的健康。我国在食品检测技术方面与先进国家还存在不小的差距，因此找到一种安全可靠的检测方法已成为相关专家急需解决的问题。

一、红外光谱分析技术简介

在食品加工中，食品检测十分重要。传统的食品检测使用的方法为化学测定法，虽然操作简单，但会对环境造成一定的污染，而且需要一定的成本消耗，使其难以继续进行下去。面对这种情况，红外光谱技术逐步走进大众视野，因其具备简便、高效、环保等特性，其在食品检测中应用越来越广泛。

所谓红外光谱技术，就是通过分子与红外光相互作用，使分子发生振动，分子在吸收振动后的红外光后，会出现不同的振动模式。根据波长的不同，可将红外光谱分成三个区域，分别是：近红外区域，波长在 0.75 ~ 2.5μm，波数在 13334 ~ 4000cm^{-1}；中红外区域，波长在 2.5 ~ 25μm，波数在 4000 ~ 400cm^{-1}；远红外区域，波长在 25 ~ 1000μm，波数在 400 ~ 10cm^{-1}。

二、红外光谱技术检测原理

通过红外光谱法对有机物进行检测，利用红外光谱仪发出红外光线，使其映射到被检测的物体表面，这样有机物就会将红外光进行吸收，进而生成红外光谱图。以此光谱图为基础，技术人员将其与吸收峰进行比对，确定化学基团。谱峰的数目、位置、化合物结构等与其状态有关，不同的状态所形成的谱峰也有所不同。所以根据官能团与红外光谱的联系，能够准确定位该有机物的化合物。

除此之外，利用红外光谱还能够进行定量分析，以郎伯—比尔理论为基础，红外光谱能够提供不同的波长，所以红外光谱能够对液体、固体等进行定量分析。

三、食品检测中红外光谱技术的运用

（一）定量检测

由于红外光谱技术具有高效、环保等特点，其在食品检测中得到了广泛应用。但单纯凭借红外光谱无法对样品进行百分百的检测，需要借助化学计量法对样品进行特征提取，建立科学模型，最终实现良好的分析。

对食品中蕴含的反式脂肪酸含量进行测定，可先对其进行盐酸酸解处理，经过萃取后，利用红外光谱仪测量出反式脂肪酸的谱峰，谱峰面积与反式脂肪酸含量属于线性关系，能够提升测定效率，回收率能够到达 90% 以上，相对误差低于 2.3%。

但相同的测定内容，有人提出了不一样的方法。通过氯仿—甲醇法提取样品中的脂肪，利用甲醇—BF3 对其进行甲酯化，之后利用 Avatar370 傅立叶变换红外光谱测定反式脂肪酸，回收率能够到达 89% 以上，相对误差低于 1.9%。

（二）检测食品中有毒有害成分

食品安全中，添加剂的问题一直受到人们的关注，特别是能够对人体健康造成影响的有害添加剂，要对其进行严格控制。

对奶粉中的防腐剂苯甲酸钠进行含量测定，可采取红外示差光谱定量分析。从溴化钾—苯甲酸钠红外谱图中分离出溴化钾—奶粉红外谱图，能够得到分析峰，波数通常在 1555cm^{-1} 左右。在此基础上，将浓度作为横坐标，将吸光度数值作为纵坐标，通过曲线可知，当浓度保持在 0 ~ 2.5mg/g 区间，吸光度和浓度呈线性关系，可使用标准曲线法进行分析。测得的回收率为

103.6%，RSD 值远小于 1.2。这样的检测方式更加便捷，并得到了许多专业人士的青睐。

（三）评定食品内部质量

利用红外技术，会提升数据监测的准确性，增加样品的检测效率。例如，苹果疾病中最常见的就是水心病，一般出现在果核处，属于一种生理上的失调症状，大多呈辐射形态。利用近红外光检测苹果的水心病，能够得到连续不断的光盘，可将水心病的病变情况清晰地展示在技术人员面前。

通过采取近红外分光法，能够对水果的病变原理、内部品质等情况进行检测。通过检测结果我们不难发现，红外分光法不但能够准确检测出水果的酸度与糖度，还能够将内在的缺陷完全检测出来。这种检测方法能够满足水果品质在线检测的需求，而且对水果的销售、种植等方面，都会产生积极的推动作用。

综上所述，目前红外光谱分析法将化学计量学技术、基础测试技术等的优点集于一身，并在食品检测中得到了广泛应用。不仅如此，它在工业领域中也逐步显现出优势，随着对红外光谱研究的深入，其已成为高效的分析技术，未来也会有更加广泛的发展空间。随着我国科学技术的发展，食品安全检测技术必将会进一步提高，为人们的食品安全保驾护航。

第四节　绿色分析测试技术在食品检测中的应用

随着我国近些年对食品卫生安全问题认识的提高，食品安全卫生问题成为全体国民关注的焦点。同时，食品检测中的应用技术也在不断提高，而现今流行的绿色分析测试技术以其环保安全、无污染的特点逐渐在食品检测分析中得到广泛应用。这项技术主要利用的材料是铝塑的检测分析方法，这一种先进的检测技术能够从本质上消除食品污染问题的出现，也在一定程度上有效缓解了食品再加工过程中的二次污染问题。这一技术本着自身灵活多样、快速便捷和准确无误的化学检测分析测试方式取代了以往传统的检测手段。本节也对绿色分析测试技术在食品检测中的应用展开了深入探讨。

现如今，随着人们对食品卫生问题的高度重视，绿色分析测试技术在食品检验中起着不可替代的作用。这一分析测试采用的是国际化学分析的前沿技术，根据自身的绿色化学分析原理，从源头上消除污染，降低了食品检测对于外部环境和操作研究人员的伤害。这一技术所特有的安全性、精确性、简洁性和环保实用性的优点为食品检测应用技术指出了前进方向。

一、技术简介

（一）绿色分析化学

绿色分析化学是绿色分析测试技术具体内容的展现，绿色分析化学以其独有的规范技术操作方式、创新的研究分析理念引起了全社会的高度重视。绿色分析化学以环境保护为主要手段，在操作技术和经济成本上设计出对人体无毒无害的化学检测方式。这一操作主要是通过将绿色安全等技术全部应用在化学分析手段上，把有害物质对环境造成的不良影响降到最低。样品处理和分析测试构成了绿色分析化学应用技术，从其准确性和便捷性分析，其中充分展现出铝塑分析技术的分析方法和技术的制高点，进而从根源上杜绝了食品污染的产生。

（二）绿色分析测试技术

采用绿色无污染的方法和相关技术方式构成了绿色分析测试技术，它对要测试的食品样本进行有效的检测，并进行严格的安全性的测试。它以零污染、高效性和先进性等特点减少了对环境和研究者伤害的威胁。

二、绿色分析测试的广泛应用

我国食品检测中被广泛应用的食品检测技术就是绿色分析测试，该项测试的操作规范准确性高，对周边环境和研究操作人员的切身安全无伤害，从而受到了我国食品检验部门的一度好评。绿色分析测试技术在当前我国的食品检验中主要分为近红外光、X 射线荧光技术、顶空气相色谱分析技术、毛细管电泳技术和微流控芯片技术等。

（一）近红外光谱技术

近红外光谱技术只需通过配套检测仪器对多种样本进行多方面检测，而无须专家的技术指导，对各种食品形态都能进行无损伤的全方位的高效测试。近红外光谱技术还可以运用先进的化学计量公式对食品样本的质量好坏进行有效鉴定。这样就可以快速地了解食品是否具有掺假等安全问题，以及食品中是否含有农药化肥有害物质残留等。例如，在常规测试奶粉样品中，我们通过对奶粉样品中的各项指标的达标性进行检测之后，对奶粉的安全质量问题进行了成功有效的控制。并采用全谱分析相结合的优化模型手段，创建出这一混合奶粉的各项指标的近红外模型。除了奶粉中常见的酸度，这一检测技术所建立混合奶粉的其他各项指标数据表明，近红外定标模型具有先进的实用性。

（二）X 射线荧光技术

X 射线荧光分析是在保持食物原有样本不变的前提下，对被测食品样品进行全方位及时有效的测试分析。质量不达标和违反国务院于 2019 年修订并发布的《国家食品安全条例》的假冒伪劣食品太多了，相当多的食品的造假和高仿手段非常高，不仔细观察是根本察觉不出来的，还有的高档食品里掺杂了很多质量低劣的物质，这些做法严重违反食品卫生标准，给我国的原食品对外信誉度造成了一定严重影响，引起了全体民众对食品安全问题的恐慌。而 X 射线荧光分析技术的及时运用，对食品进行及时检测鉴别，就能够及时消除问题食品的出现，并针对不同原食品产地的差异导致的组成元素差异进行具体检测分析，发现问题积极处理，从根本上维护我国食品市场的有序进行。

（三）顶空气相色谱分析技术

顶空气相色谱分析技术对于那些具有特殊气味、组成成分比较复杂的食品的检测，其准确性和针对性非常广泛，在这类食品的安全检测中起着独一无二的先进性作用。例如，它在测定有特殊气味的烟酒糖茶、中西药物以及一些特殊制剂等的整个过程有非常重要的应用和参考价值。顶空气相色谱分析技术还广泛应用于固体、液体两种状态的低沸点化合物制剂的检测，效果也是非常好的。顶空气相色谱分析技术主要运用气体进行检测，不必破坏原有物质的容积构造，如此的技术手段也大大消除了其他因素产生的干扰现象，现今这一项操作技术被广泛地应用在各个行业领域。而且大多数国家还把这一项技术定为食品测定环节的主要方法，进一步创新和调整了这一技术，为顶空气相色谱分析技术的广泛应用奠定了良好基础。

（四）毛细管电泳技术

毛细管电泳技术以自身灵活的辨别率、较少的成本、快捷的检测速度以及可以同时检测出多种样本等优点被广泛应用在食品和液体饮品中的检测中。该项技术可以在较短的时间内准确地检测出多种食品样本的复杂构造。例如，在食品的基本物质检测中，采用毛血管电泳的方式可以准确测试出各种矿物元素、微量元素等准确值，对液态的饮品等所含有的元素与营养成分进行有效分析。采用毛血管电泳的技术还可以有效分解食物中的营养元素，对食品中有危害的防腐剂添加剂等成分进行严格筛查和检测。

（五）微流控芯片技术

微流控芯片技术对于问题食品中常见的食品添加剂、有害重金属、化肥农药残留、杀虫剂药物残留和一些进口的转基因食品等方面能够有针对性准确检测和科学分析。微流控芯片技术在对过期食物中多种细菌超标问题的检测上，进一步研究出多种致病菌的类别和微生物菌的测试方法。微流控芯片技术能在人体由于缺乏营养和营养过剩所引发的疾病问题上给予科学合理的解释。

随着我国近些年食品安全问题的不断出现，人们对每天赖以生存的食品卫生问题引起了高度重视。它不但关系着广大人民群众的身体和财产的安全，还关系着社会的和谐安定和人民群众的安居乐业。对于食品组成成分的有效分析、检测与质量标准需要采取高超的技术手段来加以解决，绿色分析测试技术在食品检测中的广泛应用不仅取代了以往食品检测技术，也从根本上消除了问题食品的产生和危害。当前本着降低污染和零污染为主要发展理念的绿色分析测试技术是对人类食品安全问题检测的最大贡献，也是我国未来食品检测的发展走向。在倡导保护环境的同时，更要保护人们的身心健康不受到污染，营造一个良好的社会环境，进而为食品安全作出有效保障。

第七章 食品安全及检测新技术

第一节 食品安全溯源体系

食品安全溯源是指在食品链的各个环节中，食品及其相关信息能够被追踪（生产源头消费终端）或者回溯（消费终端—生产源头），从而使食品的整个生产经营活动处于有效监控之中。

食品安全溯源体系是一个能够连接生产、检验、监管和消费各个环节，让消费者了解符合卫生安全的生产和流通过程，提高消费者放心程度的信息管理系统。系统提供了“从农田到餐桌”的追溯模式，建立了食品安全信息数据库，一旦发现问题，能够根据溯源进行有效控制和召回，因此，从源头上保障消费者的合法权益。

一、食品安全溯源的意义

随着经济全球化和人们生活水平的提高，食品来源越来越广泛，导致食品安全事故频频发生。禽流感、口蹄疫、染色馒头、地沟油、三聚氰胺奶粉等事件造成的恶果，严重地影响了人们的正常生活。因此，建立食品安全溯源体系具有非常重要意义。

1. 适应食品国际贸易的要求

通过建立食品溯源体系，可以使我国食品生产管理尽快与国际接轨，符合国际食品安全追踪与溯源的要求，保证我国食品质量安全水平，突破技术壁垒，提高国际竞争力。

2. 维护消费者的知情权

食品安全溯源体系能够提高生产过程的透明度，建立一条连接生产和消费的渠道，让消费者能够方便地了解食品的生产和流通过程，放心消费。食品溯源体系的建立，将食品供应链中有价值的信息保存下来，以备消费者查询。

3. 提高食品安全监控水平

通过对有关食品安全信息的记录、归类和整理，促进改进工艺，提高食品安全水平。同时，通过食品溯源可以有效监督和管理食品生产、流通等环节，确保食品安全。

4. 提高食品安全突发事件的应急处理能力

在食源性疾病暴发时，利用食品溯源系统，可以快速追溯，及时有效控制病源食品的扩散，实施缺陷食品的召回，减少危害造成的损失。

5. 提高生产企业的诚信意识

食品生产企业构建食品溯源体系，可以赢得消费者的信任。

总之，食品溯源体系是一种旨在加强食品安全信息传递、控制食源性疾病危害、保护消费者利益的食品安全信息管理体系。食品溯源体系的建立，是确保食品安全的关键，对于完善我国食品安全管理体系具有重大的作用。

二、我国食品安全溯源体系存在的问题

目前，在我国要全面实施食品安全溯源体系还有一定难度，如全面对猪、牛、羊、水果、蔬菜等实施食品安全溯源体系要增加产品的成本，涉及众多行业管理部门，且需要建立相应的法律法规。我国食品安全溯源体系主要存在以下几方面的问题。

1. 食品溯源相关法规制度不够完善

目前，我国食品安全相关法律 20 多部、行政法规 40 余部、部门行政规章 150 余个，已初步形成一个由国家、部门、行业和地方制定的食品安全法规体系，但只有《食品安全法》《动物防疫法》《国务院关于加强食品等产品安全监督管理的特别规定》等少数法律法规对食品溯源的部分内容作出了

要求，而且这些规定又比较笼统，缺乏操作性。由于法律法规支撑不够，直接阻碍了食品溯源体系建设的推进速度。

2. 食品企业普遍规模小、信息化程度低

受经济发展水平的制约，许多中小型企业为了生存降低成本，以提高市场竞争力。这些企业考虑到成本问题，还没有涉及食品可追溯系统建设。而且，我国食品的流通方式相对落后，传统的流通渠道如集贸市场和批发市场还占有相当比例；现代流通渠道，如仓储超市、连锁超市和便利店等还不够普及，影响了食品的可追溯性。

3. 溯源信息未能实现资源共享和交换

我国食品溯源系统大部分是以单个企业或地区为基础开发的，系统开发目标和原则不同，系统软件不兼容，溯源的信息不能资源共享和彼此交换，难以实现互相溯源。

4. 分段管理难以做到全程有效监管

我国食品安全主要实行分段监管，在这种体制下，任何一个单独的职能部门都不可能实现全程的追溯管理。

三、我国食品安全溯源体系的发展方向

食品安全溯源体系建设是管理和控制食品质量安全的重要手段之一，在我国越来越受到关注与重视。因此，建立食品安全溯源体系，就要以强化行政职能部门监管为基础，实现对食品质量安全的可追溯管理。

1. 完善食品安全溯源规章制度

我国关于食品质量、卫生等方面的标准很多，但关于溯源的标准或法规很少。当食品出现问题时，很难进行质量问题的溯源。我国应参照发达国家相关法规，结合我国的具体情况，完善我国食品安全溯源规章制度。地方立法时，应以《食品安全法》为基础，在不相抵触的前提下，进一步明晰食品安全溯源体系的具体内容。

2. 建立全程覆盖的数据库

建立一个从初级产品到最终消费品，覆盖食品生产各个阶段资料的信息库，有利于控制食品质量，及时、有效地处理质量问题，提高食品安全水平。

3. 提倡大企业建设食品溯源体系

在食品溯源技术和标准的支撑下，具有产业优势的大企业开始建设食品溯源体系，并逐步扩大到整个食品供应链，从而使食品溯源体系的规模效应进一步提高。

4. 在大型超市中率先实现溯源

大型超市具有成熟的食品供应链网络，具备先进的物流信息管理系统，在超市采用信息技术对食品安全工作进行监督具有独特的优势。

5. 建立和完善多级互联互通的可追溯网络

建立国家、省、市、县、企业（包括生产企业、销售企业）、消费者多级共享、互联互通的可追溯网络，一旦出现食品安全问题，就能通过可追溯网络进行追踪，从而保证了食品安全。

6. 实行强制性食品溯源

“疯牛病”事件发生以后，许多国家开始实行强制性食品溯源制度。欧盟对成员国所有的食品实行强制性溯源管理，美国也对国内食品企业实施注册管理，要求进口食品必须事先告知。

7. 给予扶持政策

对自愿加入食品安全溯源体系的企业给予扶持政策，引导消费者选用具有食品安全溯源体系的产品。

总之，食品安全溯源体系是一项涉及多部门、多学科知识的复杂的系统工程，需要相应的科学体系作为支撑。因此，我们应借鉴国内外各学科的知识，探索建立与完善食品安全溯源体系的有效方法。

第二节　食品安全预警体系

预警即“预先警告”，具有两层含义：一是监测预防，即对目标事件进行常规监测，对事件的状态及其变动进行风险评估和判断，监测事件并防止事态的非正常运行；二是控制和消除危机，即目标事件因风险积累或放大，或突发事件而引发危机或有害影响，需要对危机进行调控，以消除危机、稳定局面和恢复正常运作。

一、食品安全预警的作用

食品安全预警的作用如下所示。

1. 在进出口贸易方面，对提高我国食品安全水平具有积极的作用

我国食品的检验监管模式是：进口食品的卫生项目必须检验合格后方可进入市场销售，出口食品的卫生项目必须检验合格后才可以放行通关。开展食品安全预警研究，在风险信息收集、危害因素识别和确定等方面建立一套科学的规则和评定程序，提高食品的检测效率。因此，食品安全预警在进出口贸易方面，对提高我国食品安全水平具有积极的作用。

2. 有利于防止食品安全问题的出现、扩散和传播，避免重大食物中毒和食源性疾病的发生

近年来，新的食品危害因素不断出现，继暴发“疯牛病”“禽流感”之后，“红心鸭蛋”“塑化剂”“染色馒头”“地沟油”等事件频频见诸报端，新资源食品、转基因食品的开发也给人类食品安全带来新的隐患。因此，开展食品安全预警工作，有利于防止食品安全问题的出现、扩散和传播。

3. 有利于保障消费者的身心健康，提高人民群众的身体素质和健康水平

加强食品安全预警，可以对不断出现的各种食品危害作出快速反应，采取相应有效的措施，保护我国人民生命健康安全。

此外，食品安全预警对完善我国食品安全监管机制，提高我国食品安全监管水平具有重要的意义。

二、我国食品安全预警体系存在的问题

我国食品安全预警体系主要存在以下几方面的问题。

1. 责任主体不够明确

我国食品质量安全管理权限分属不同部门，随之相伴的预警管理也由分属的不同部门实行多头管理，在一定程度上存在管理职能错位、缺位、越位和交叉分散现象，难以形成协调配合、运转高效的管理体制。

2. 技术标准落后

我国食品安全管理技术标准落后。一些标准时间跨度较长，且缺乏可操作性，在技术内容方面与CAC的有关协定存在较大差距。而我国国家标准只采用或等效采用了国际标准，与发达国家及国际相关组织的标准相衔接的程度不够，从而导致标准的可信度在国际上不高。

3. 监测检验技术比较落后

目前，我国食品安全预警管理监测检验技术水平有限，从监测机构、监测人员、监测设备到监测方法，与发达国家差距还很大。一些地方食品安全检测检验机构仪器陈旧、设备简陋、功能不全，还有的缺乏必备的检测设施，不利于查处违法行为和应付突发性食品安全事件。

4. 配套的法律法规保障体系不够完善

我国现行有效的相关法律法规有几十部，但条款相对分散，这些法律法规尚不能完全涵盖“从农田到餐桌”的各个环节，不能满足食品安全预警体系建设的实际要求。因此，制定一部完整统一的食品质量安全预警管理法迫在眉睫。

5. 信息交流体系不完善，缺乏统一的预警技术信息平台

由于目前我国食品安全多个管理部门之间缺乏有效的信息和资源共享、沟通和协调机制，食品质量安全预警的信息资源严重短缺，使食品安全预警体系出现了风险信息搜集渠道单一、预警及快速反应措施单一、控制效果单一的现象，难以满足食品安全预警的时效性要求。

6. 数据收集不够准确

经常由于没有收集到关键性的数据或收集的数据存在偏差，不符合预警的总体要求，导致预警体系运行后无法达到预期效果。

7. 食品安全的基础研究水平低

目前，我国在食品安全问题上主要集中在研究允许添加使用物质的检测方法上，对于非法添加物质的预防检测手段的研究较少。

8. 投入不足

投入不足制约食品安全预警水平的提高，使得我国食品安全管理的宏观预警和风险评估的微观预警体系建设滞后。

三、我国食品安全预警体系的发展方向

我国食品安全预警体系的发展方向如下所示。

1. 构建合理的食品质量安全预警管理机制

建立系统完整的食品质量安全预警机制是现阶段我国构建政府食品安全管理机制的前提和基础，也是预防食品安全事件的发生、维护社会稳定、构建和谐社会的重要机制之一。食品安全预警机制的建设，应遵循全面、及时、创新和高效的原则，形成完善的预警机制。

2. 加强食品安全预警科研技术力量

组织科研力量全面分析研究食品安全风险预警及快速反应体系保障措施，为建立质检系统各部门之间的长效工作机制提供保障。同时，加强食品质量安全预警管理的职业队伍建设，培养食品安全的专门人才，向食品安全职能管理部门提供食品质量安全预警管理业务知识的培训。

3. 提高消费者食品质量安全意识

应加强全民食品质量安全教育。随着我国市场经济秩序的不断完善，急需加强对食品质量安全知识的宣传，分析食品质量安全形势，提高消费者的自我保护意识，开展多种形式的法制宣传，组织专项宣传活动，提高消费者依法维护自身合法权益的能力。

4. 完善以预警机制为基础的食品安全法律法规体系

完善法律法规与标准体系，为食品质量安全预警提供支撑。我国有关食品安全预警的立法与执法，正处于初步建立阶段，因此急需在此基础上加大对法律体系的建设。

5. 加强食品预警信息交流和发布机制建设

管理部门应建立和完善覆盖面宽、时效性强的食品安全预警信息收集、管理、发布制度和监测抽检预警网络系统，向消费者和有关部门快速通报食品安全预警信息。

6. 加大国家财政投入力度

目前，我国对食品质量安全预警管理的人力、物力、财力的投入与发达国家相比，还有很多差距。因此，加大国家对食品质量预警管理的投入很有必要。

第三节 酶联免疫吸附技术

一、酶联免疫吸附技术概述

酶联免疫吸附分析法是荷兰学者 Weerman 和 Schuurs 与瑞典学者 Engvall 和 Perlmann 在 20 世纪 70 年代初期几乎同时提出的。酶联免疫吸附测定法（Enzyme—Linked Immunosorbent Assay，ELISA）最初主要用于病毒、细菌的检测，后期广泛用于抗原、抗体的测定，以及一些药物、激素、毒素等半抗原分子的定性、定量分析。

酶联免疫吸附分析法具有灵敏度高、特异性强、分析容量大、操作简单、成本低等优点，不涉及昂贵仪器，前处理简单，适合复杂基质中痕量组分的分析，且易实现商业化。目前，ELISA 成为世界各国学术研究的热点，美国化学会也将酶联免疫分析法、色谱分析技术共同列为农药、兽药残留分析的主要技术，检测结果的法律效力也得到认可。

ELISA 的基础是抗原或抗体的固相化及抗原或抗体的酶标记。在进行分析测定时，待测样品中的抗体或抗原与固相载体表面的抗原或抗体起反应；将固相载体上形成的抗原抗体复合物从未反应的其他物质中洗涤下来；再加入酶标记的抗原或抗体，通过反应结合在固体载体上。待测样品和固相上的酶呈一定的比例关系，因此，加入酶反应的底物后，酶将底物催化为有色产物，产物和样品中待测物质的量相关。据此可根据其颜色的深浅对待测物质进行定性或定量分析。

食品中小分子残留物、污染物、有毒有害物质的免疫分析方法主要包括待测物质的选择、半抗原的设计和合成、人工抗原的合成、抗体制备、测定方法的建立、样品前处理方法的优化及方法的评价等步骤。

二、酶联免疫吸附分析的形式

（一）固相酶联免疫吸附分析方法

固相酶联免疫吸附分析方法即是在固体载体上进行抗原抗体的反应，最常用的固体物质是聚苯乙烯。固相载体的形状主要有试管、微孔板和磁珠。而最常用的载体为微孔板，专用于 ELISA 测定的微孔板又被称为酶标板，国际通用的标准板形为 8×12 孔的 96 孔式。

吸附性能好、孔底透明度高、空白值低、各孔性能相近的微孔板才是良好的 ELISA 板。配料和制作工艺的改变会明显地改变产品的质量。因此，每一批号的 ELISA 板在使用之前必须检查其性能，比较不同载体在实际测定中的优劣。可将同一个阴性和阳性血清梯度稀释，在不同的载体上按照设定的 ELISA 操作步骤进行测定并比较结果，差别最大的载体就是最合适的固体载体。ELISA 板可实现大量样品的同时测定，并可在酶标仪上快速读数。目前，ELISA 板已被应用于多种自动化仪器中，易于实现操作的标准化。

（二）试纸条免疫吸附分析方法

试纸条技术与试剂盒相比，携带更方便，检测更为快速，尤其适用于现场快速检测。试纸条技术以微孔膜（硝酸纤维素膜、尼龙膜）为固相载体，采用酶或各种有色微粒子（胶体金、彩色乳胶、胶体硒）为标记物。根据标记物的不同，可将试纸条技术分为酶标记免疫检测技术和胶体金标记免疫检测技术。

1. 酶标记免疫检测试纸条技术

酶标记免疫检测试纸条技术包括渗滤式和浸蘸式两种形式，而胶体金标记检测技术包括渗滤式和层析式两种形式。试纸条的制备步骤如下。

（1）包被。用双蒸水润湿滤纸，甩掉多余水分，先将滤纸和塑料板紧贴使之间无气泡，把浸泡后的膜放在润湿的滤纸上，保证之间无气泡（每次加样都做同样的准备）；再用微量移液器在膜上包被抗体的区域加样，先在室温下固定 15 min，再在 37℃下固定 30 min。

（2）封闭。在 37℃的 1% BSA—PBS 溶液中恒温浸泡 30 min。

（3）洗涤。用 PBST 洗涤三次，将多余水分去掉后，在 37℃放置 30 min 干燥。这类试纸条使用前需要加样竞争，操作较为烦琐。

2. 胶体金标记免疫检测试纸条技术

胶体金是由氯金酸在白磷、抗坏血酸和鞣酸等还原剂的作用下聚合成特定大小的金颗粒。柠檬酸三钠还原法是应用普遍的方法，还原剂的量由少变多，胶体金的颜色由蓝色变为红色（见表 7-1）。

表 7–1　不同颗粒的胶体金溶液的比较

金属粒大小 /nm	100mL 氯金酸水溶液中加入的 1% 柠檬酸三钠的体积 /mL	胶体金溶液的颜色
15	2.000	略带红色
25	1.600	粉红
40	1.000	深红
22	0.800	紫红
75	0.600	紫色
100	0.460	紫灰
150	0.352	蓝色

胶体金标记抗体蛋白就是将抗体蛋白等生物大分子吸附到胶体金颗粒的包被过程。吸附的机理可能是胶体金和蛋白质分子间的范德华力，其结合过程主要是物理吸附，不会对蛋白质的生物活性产生影响。pH 很大程度上影响着胶体金对蛋白的吸附作用，在蛋白质的等电点或略偏碱性的 pH 时，二者容易形成牢固的结合物。目前，国内外已有商品化的胶体金试纸条应用于医学快检行业，但其应用在小分子检测，检测精确度和稳定性都不太好，还需要进一步改进。

胶体金标记检测试纸条有两种检测形式。

①渗滤式胶体金标记免疫吸附分析试纸条技术。渗滤式胶体金标记试纸条分析装置如图 7-1 所示，用超纯水润湿滤纸，甩掉多余水分，将滤纸和塑料板紧贴，挤去气泡，将膜放在滤纸上，挤去气泡（气泡将影响液体垂直通过膜的速度）。将标样和金标记的待测物抗体按比例混合，竞争反应适当时间后，再将混合物滴加在反应区域，液体流过后与参照进行对比，检测线颜色越浅表示待测物的浓度越高，若质控线无颜色，则实验无效。

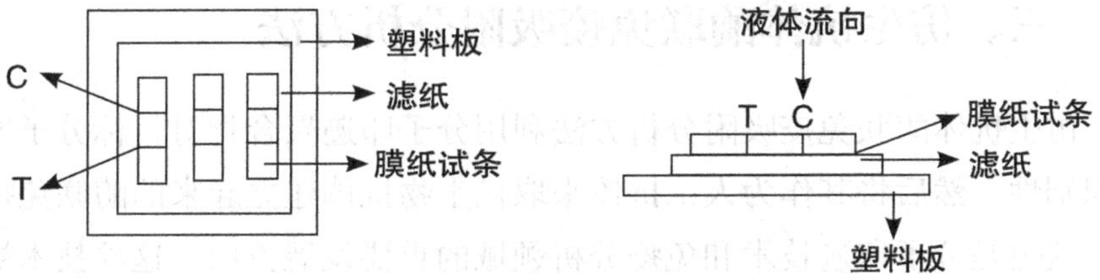

图 7-1　渗滤式胶体标记试纸分析装置

②层析式胶体金标记免疫吸附分析试纸条技术。将有光滑底衬的硝酸纤维素膜用胶贴在塑料板上。玻璃纤维棉上放上金标抗体，干燥后，一端与固定有完全抗原和二抗的膜连接，另一端与样品垫连接，其装置如图 7-2 所示。待测样品加入后，金标抗体重新水化后与样品反应，如样品中没有待测物，至检测线时，金标抗体和完全抗原反应后被部分截获，会出现明显的红色条带；而至质控线，金标抗体和二抗的反应也会出现红色条带。但如样品中含有待测物，金标抗体和待测物的反应会占据抗体上的有限位点，就不会和检测线上的完全抗原发生反应而越过检测线，红色条带就不会产生；在质控线会和二抗反应，金颗粒富集，红色条带产生。检测线颜色越浅，待测物浓度越高。质控线显色代表实验有效，无颜色出现，则实验无效。

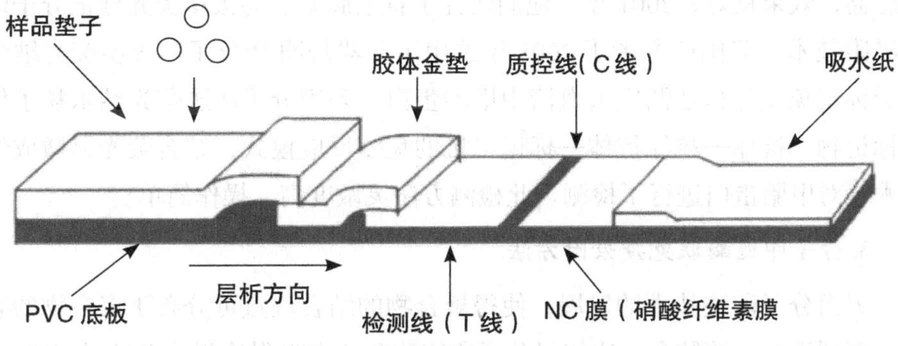

图 7-2　胶体金免疫层析装置

（三）管式酶联免疫吸附分析方法

采用试管作为固相载体，其吸附表面比较大，因此样品反应量也会很大。一般板式 EL。ISA 的样品量为 100 ~ 200VL。管式 ELISA 可根据实际需要而增大反应体积，从而提高试验的敏感性。同时，试管还可作为比色杯，直接放入分光光度计中比色，从进行定量分析。

三、仿生抗体酶联免疫吸附分析方法

仿生抗体酶联免疫吸附分析方法利用分子印迹聚合物对目标分子的高选择识别性，然后将其作为人工抗体来取代生物抗体建立起来的酶联免疫分析法，这也是分子印迹技术和免疫分析领域的重要发展方向。这项技术被广泛应用于食品中激素、抗生素、兽药残留等的检测。

1. 分子印迹放射免疫吸附方法

研究者以 4—乙烯基吡啶和甲基丙烯酸的复合物为功能单体，在甲苯中制备得到 17—*a*—乙炔雌二醇的分子印迹物，该分子印迹物识别 17—*a*—乙炔雌二醇和其类似物的性质和生物抗体相似。还有学者合成了吗啡和脑啡肽的人工受体，并建立了心得安的分子印迹放射分析方法。

2. 分子印迹荧光免疫吸附方法

1997 年研究者将荧光标记物应用于分子印迹免疫吸附检测中，他们采用甲基丙烯酸和甲基丙烯酸二乙氨乙酯为功能单体，二乙烯基苯或乙二醇二甲基丙烯酸酯作为交联剂，合成氯霉素的分子印迹聚合物，再将其制备成生物传感器，效果良好；2001 年，他们研究了肾上腺素、莠去津荧光标记分子印迹吸附技术。我国研究者于 2008 年采用丁基罗丹明 B 分子印迹型荧光纳米粒子标记免疫分析法测定人血清中甲胎蛋白，采用分子印迹荧光纳米粒子作为标记物，抗体—抗原抗体—标记二抗的免疫反应模式，结合荧光显微成像技术，对甲胎蛋白进行了检测。此检测方法灵敏度高，操作简单。

3. 分子印迹酶联免疫吸附方法

表面分子印迹技术的发展，使得聚合物的结合位点可分布于聚合物的表面，更利于酶标的结合，这使得分子印迹酶联免疫吸附检测技术发展较快。

研究者于 2013 年使用分子印迹技术在 96 孔酶标板上直接合成了一种可以代替生物抗体的新型呋喃唑酮代谢物（AOZ）人工抗体，并与化学免疫发光法结合。结果表明，制得的酶标板对 AOZ 的灵敏度为 0.008 μg/L，批内变异系数为 2.4% ~ 3.6%，批内回收率为 94% ~ 110%。其灵敏度高于市售 ELISA 商品试剂盒的 0.02 μg/L，同时在精密度、回收率、特异性方面无明显差异，并且可以重复使用。

研究者于 2011 年以苯磺隆为模板分子，甲基丙烯酸为功能单体，以及以乙二醇二甲基丙烯酸酯为交联剂，采用本体聚合法在 96 孔酶标板上直接合成了对苯磺隆具有高选择识别能力的分子印迹聚合物膜。最适条件下，所建立仿生酶联免疫方法的灵敏度为 15.77 μ g/L，最低检出限为 0.01 μ g/L。同时，该方法对苯磺隆具有较高的选择性，对苯磺隆的三种结构类似物的交叉反应率为 3.17% ~ 13.10%。将该方法用于水样和土样中苯磺隆的测定，得到水样中的回收率为 93.6% ~ 96.8%，土样中的回收率为 87.5% ~ 97.5%。

4. **分子印迹水相识别检测技术**

免疫分子的识别大多是在水中，因此，作为仿生抗体的聚合物必须具备足够的亲水性，亲水性分子印迹聚合物的制备是国内外研究的热点和难点。研究者于 2011 年以黄酮类物质——柚皮苷（NG）为印迹分子，研究了柚皮苷分子在水相中的印迹识别。他们利用天然高分子壳聚糖（Cs）作为功能体，PEG 为致孔剂，制备了柚皮苷分子印迹壳聚糖膜，再以聚乙烯醇缩丁醛（PVB）为基体，*p*—环糊精为功能体，NG 为印迹分子，交联剂为六亚甲基二异氰酸酯（HMDI），采用分子印迹技术与电纺丝技术相结合，制备 NG 分子印迹矿 CD 类纳米纤维。利用固体致孔剂 SiO_2 对该印迹纤维进行改性，印迹纤维吸附性能有较大的提高。最后，以邻氨基酚为单体，无电活性物质 NG 为模板分子，用循环伏安法在碳电极上电聚合成能识别 NG 的敏感膜。此传感器对 NG 有较好的选择性，响应快（30s），重现性好（RSD=1.79%）。传感器对 NG 的响应在 6.0×10^{-5} ~ 1.4×10^{-4}mol/L 范围内呈线性关系，检出限为 1.6×10^{-5}mol/L。研究者采用水溶性的二丙烯酰哌嗪为交联剂，亲水性的 2—羟基甲基丙烯酸乙酯为功能单体，通过共价反应制备得到水溶性胆固醇印迹聚合物，选择性较好。

目前的研究主要集中在药物和污染物的分析，而蛋白质、生物大分子、金属离子的选择性分离分析将是日后发展的重要方向。

四、酶联免疫吸附技术应用存在的问题及发展前景

ELISA 具有灵敏度和特异性高、稳定性好、样品处理量大、检测速度快、自动化程度高等优点，但也存在对试剂的选择性高，不能同时分析多种成分，对结构类似的化合物有一定程度的交叉反应，易出现假阳性等缺点。因此，

开发高度免疫原性的重组抗原、研发多项标记快速测定方法、多种技术的联用、研发多种类的全自动酶联免疫测定仪将是日后发展的方向，这也会使ELISA在食品分析领域发挥更重要的作用。

参考文献

[1] 张妍主编；祝妍，张丽萍副主编．食品检测技术 [M]. 北京：化学工业出版社 , 2015.

[2] 王硕，王俊平主编．食品安全检测技术 [M]. 北京：化学工业出版社，2016.

[3] 李五聚，崔惠玲主编．食品理化检测技术 [M]. 北京：化学工业出版社，2012.

[4] 唐劲松，徐安书主编．食品微生物检测技术 [M]. 北京：中国轻工业出版社 , 2012.

[5] 林峰，奚星林，陈捷，等．食品安全分析检测技术 [M]. 北京：化学工业出版社 , 2015.

[6] 车适．食品检测技术的浅析 [J]. 商品与质量 ,2020,(12)：190.

[7] 王瀛．食品安全问题及食品检测技术分析 [J]. 现代食品 ,2023,(15)：115-117.

[8] 赵大鹏．现代食品检测技术问题及解决方法 [J]. 食品界 ,2023,(3)：107-109.

[9] 王燕红．食品检测技术的应用研究 [J]. 食品安全导刊 ,2020,(33)：148.

[10] 朱伟志 , 袁舟 , 毛立琪 , 等．辐照食品检测技术研究进展 [J]. 食品安全导刊 ,2022,(8)：183-185.

[11] 朱瑾．食品检测技术问题及其解决措施 [J]. 商品与质量 ,2021,(26)：203.

[12] 吕航 , 张文 , 宫国强．转基因食品检测技术的相关研究 [J]. 现代食品 ,2021,(2)：146-148.

[13] 秦靖 , 黄彩云 , 劳思琪 , 等．浅谈预制菜食品安全现状与食品检测技术的应用 [J]. 现代食品 ,2023,(12)：143-145.

[14] 高小云 . 食品检测技术在粮油检测中的应用分析 [J]. 现代食品 ,2023,(8)：80-82.

[15] 钟键 , 李红权 , 孙良娟 , 等 . 食品检测技术实验室的 SPS 评议工作分析 [J]. 实验室研究与探索 ,2023,(7)：262-268.

[16] 林丽 . 食品检测技术存在的问题与解决对策 [J]. 食品安全导刊 ,2020,(30)：153.

[17] 李菲 . 食品检测技术的重要性及应用 [J]. 食品安全导刊 ,2020,(24)：171.

[18] 赵淑娟 , 沈松松 , 刘思中 . 食品检测技术在转基因食品中的应用 [J]. 中国食品 ,2022,(12)：113-115.

[19] 张凯星 . 农产品食品安全现状与食品检测技术发展研究 [J]. 食品界 ,2022,(9)：99-101.

[20] 任恩恒 . 食品检测技术存在的问题及解决措施探讨 [J]. 食品安全导刊 ,2022,(6)：163-165.

[21] 贾钰飞 . 食品检测技术存在的问题及解决措施研究 [J]. 食品安全导刊 ,2022,(5)：162-164.

[22] 高盼盼 , 陈蒙蒙 , 马晓 . 论现代食品检测技术问题及解决对策 [J]. 食品界 ,2022,(5)：88-90.

[23] 孟满 . 转基因食品检测技术探析 [J]. 中国食品 ,2023,(18)：69-71.

[24] 马明芳 , 陈睿 , 龙丽娟 , 等 . 现代食品检测技术的特点及实际应用 [J]. 食品研究与开发 ,2023,(8)：241-242.

[25] 杨丽娜 . 食品检测技术问题及其解决措施研究 [J]. 食品安全导刊 ,2021,(C1)：68-70.

[26] 黄韡 . 食品检测技术在食品安全中的应用探究 [J]. 食品安全导刊 ,2021,(20)：164，168.

[27] 张亚男 , 迟盼盼 , 张鑫堂 . 食品检测技术问题及其解决措施探析 [J]. 商品与质量 ,2021,(15)：225.

[28] 吴春艳 . 现代食品检测技术课程项目化教学改革研究 [J]. 中国食品 ,2021,(14)：126-127.